Fortschritte in der Ausfaulung von Abwasserschlamm

Eine ausführliche Anleitung zur
Berechnung der technischen und wirtschaftlichen Leistungsfähigkeit der Faulbehälter
bei Verwertung der Faulgase

Von
Marinebaurat a. D.
Dr.-Ing. Max Prüß
Vorstand des Abwasseramtes der Emschergenossenschaft
in Essen

MÜNCHEN UND BERLIN 1928
VERLAG VON R. OLDENBOURG

Inhaltsverzeichnis.

Vorbemerkungen.

1. Alle Zwischenrechnungen und Zwischenüberlegungen sind im folgenden Text k u r s i v gedruckt, sie können von einem eiligen Leser übersprungen werden, ohne daß das Verständnis der späteren Ausführungen darunter leidet.
2. Ein kurzer Auszug der folgenden Arbeit, aus dem der Gedankengang der Untersuchungen zu entnehmen ist, ist im „Gesundheits-Ingenieur" Heft 25 vom 23. Juni 1928 und Heft 27 vom 7. Juli 1928 unter der Überschrift „Anleitung zur Berechnung von Schlammfaulräumen" und „Die wirtschaftliche Bedeutung der Faulgasverwertung bei der Schlammzersetzung" erschienen.

A. Die praktische Bedeutung der Ausfaulung des Frischschlammes.

Der Zweck der Abwasserreinigung ist die mehr oder weniger weitgehende Befreiung des Abwassers von den in ihm enthaltenen festen oder auch gelösten Schmutzstoffen vor seiner Einleitung in die Vorflut. Bei allen Abwasserreinigungsverfahren vom gröbsten Absieben bis zur vollen biologischen Reinigung fallen die zurückgehaltenen Schmutzstoffe, soweit sie nicht vergast oder in anorganische gelöste Stoffe umgesetzt wurden, zum größten Teil in Form eines mehr oder weniger wasserreichen Schlammes an, der an der Luft schnell in stinkende Fäulnis verfällt. Die unschädliche Unterbringung des gewonnenen Frischschlammes ist daher eine gemeinsame Aufgabe aller Abwasserreinigungsverfahren, deren Lösung ohne erhebliche geldliche Belastung bisher noch nicht gelungen ist.

Es wird wohl von keinem Abwasserfachmann zum mindesten in Deutschland mehr bestritten, daß der hygienisch einwandfreieste und auch wirtschaftlich beste Weg zur Unschädlichmachung von frischem Abwasserschlamm in seiner Ausfaulung unter Wasser besteht. Frischer Schlamm, wie er z. B. beim Absitzverfahren anfällt, enthält Kotballen, Papierfetzen, Gemüsereste usw. unzersetzt, er hat dadurch ein ekelerregendes Aussehen. Seine Unterbringung durch Ablagerung führt zu Schwierigkeiten, weil an der Luft schon nach kurzer Zeit eine stinkende Zersetzung der organischen Stoffe im Schlamm einsetzt, wobei jedoch der große durch kolloidal aufgeschwemmte Schlammstoffe bedingte Wassergehalt zuweilen selbst nach jahrelangem Lagern nicht wesentlich verringert wird. Im großen Durchschnitt sind im Frischschlamm aus Absitzbecken mit 1½ Std. Absitzzeit nur etwa 5% Trockensubstanz enthalten, sodaß bei unmittelbarer Verwertung des Frischschlammes als Dünger sehr große Wassermengen mit befördert werden müssen, von den hygienischen und ästhetischen Bedenken gegen den Frischschlammtransport garnicht zu sprechen. Die künstliche Entwässerung von Frischschlamm, die in Deutschland an einigen wenigen Stellen noch durchgeführt wird, ist sehr teuer und verursacht zudem Schwierigkeiten durch das dabei anfallende trübe und stinkende Schlammwasser, das in hohem Grade fäulnisfähig ist.

Ganz anders verhält sich der unter Wasser ausgefaulte und dabei geruchlos gewordene Schlamm, bei dem die leicht zersetzlichen hochmolekularen organischen Stoffe durch Bakterienarbeit weitgehend mineralisiert sind, sodaß der Schlamm ohne jede Gefahr der Geruchsbelästigung in dünner Schicht auf das Ablagerungsgelände gebracht werden kann, wo er sich in kurzer Zeit von seinem klaren geruchlosen Schlammwasser trennt. Es bleibt eine stichfeste, ähnlich wie Gartenerde aussehende Masse zurück, in der mit Ausnahme von unzersetzlichen Haaren, Borsten und ähnlichen Stoffen irgendwelche Spuren der Ausgangsstoffe nicht mehr erkennbar sind. In den Faulräumen geht der Wassergehalt zum großen Teil durch Zerstörung der Kolloide auf etwa 80% zurück, sodaß hier das Schlammvolumen gegenüber dem Frischschlamm allein durch Wasserabgabe auf etwa ¼ vermindert wird. Beim Auftrocknen des Faulschlammes sinkt der Wassergehalt weiter auf etwa 55 bis 60%, sodaß unter Berücksichtigung der Zehrung in der Trockensubstanz der aufgetrocknete Faulschlamm nur noch etwa den 10. Teil des Volumens des ursprünglichen Frischschlammes einnimmt. Was dies an Kostenersparnis gegenüber dem Frischschlamm sowohl für den Transport als auch die Ablagerung des Schlammes bedeutet, braucht nicht weiter ausgeführt zu werden. Daß auch bei der landwirtschaftlichen Ausnutzung der im Schlamm enthaltenen Dungstoffe der Faulschlamm dem Frischschlamm überlegen ist, obwohl beim Ausfaulen etwa 40% des im Frischschlamm enthaltenen dungwertigen Stickstoffes verloren gehen, hat Sierp in seiner bekannten Arbeit »Über den Dungwert von Faulschlamm und Frischschlamm«[1] nachgewiesen.

In Hinblick auf diese weitgehenden Vorzüge des Faulschlammes hat sich bisher das Ausfaulen des Frischschlammes in Deutschland fast allgemein durchgesetzt, obwohl die Baukosten der für das Faulverfahren nötigen Anlagen recht erheblich waren. Nach den nunmehr langjährigen praktischen Erfahrungen auf den Kläranlagen im rheinisch-westfälischen Industriegebiet kann durch Verwertung der beim Faulprozeß anfallenden brennbaren Gase neuerdings auch mit Einnahmen aus dem Faulprozeß gerechnet werden. Es ist der Zweck der folgenden Arbeit, die mögliche Höhe dieser Einnahmen für die verschiedensten Verhältnisse zu untersuchen und die Tragweite der einzelnen zur Steigerung der Gaserzeugung möglichen Maßnahmen zahlenmäßig klarzustellen, um so den wirtschaftlichsten Weg für die Durchführung der Schlammfaulung zu finden. Es kann dabei der Nachweis erbracht werden, daß bei künstlicher Beheizung und künstlicher Umwälzung des Schlammes in einem besonders gut gegen Wärmeverluste isolierten Faulraum die gesamten Kosten des Schlammausfaulens durch Verkauf des Rohgases zu etwa 6 bis 8 Pfg. für 1 m³ voll gedeckt werden können. Wenn auch der logische Aufbau und die Durchführung des im folgenden angegebenen Rechnungsganges klar und eindeutig sein dürfte, so stützt er sich wie meist in der Technik doch in seinen Ausgangszahlen auf Erfahrungswerte, über die, wie es bei der verhältnismäßig kurzen Anwendungszeit der Schlammausfaulung nicht anders zu erwarten ist, noch kein allgemeines Einverständnis herrscht. Das Ergebnis meiner Berechnungen gibt die Möglichkeit, durch Vergleich mit der Praxis die Richtigkeit der von mir angenommenen Grundzahlen, die sich in der Hauptsache auf die von Blunk angestellten Beobachtungen im Emschergebiet[2] stützen, zu prüfen. Die vorliegende Arbeit hat ihren Zweck erfüllt, wenn es ihr gelingen würde, die Betriebsleiter der Kläranlagen in höherem Maße als bisher für das behandelte Problem zu interessieren und sie anzuregen, auch ihrerseits die verhältnismäßig einfachen Messungen und Beobachtungen durchzuführen, die zur allgemein gültigen Festlegung der Ausgangszahlen noch notwendig sind.

---

[1] Siehe Technisches Gemeindeblatt vom 15. 4. 1924.
[2] Siehe Blunk, »Beitrag zur Berechnung von Faulräumen«, Gesundheits-Ing. 1925, Heft 4.

B. Die technische Leistungsfähigkeit eines Faulraumes und seiner verschiedenen Betriebsweisen.

1. Die den Gasanfall und die Faulraumgröße beeinflussenden Faktoren.

Die Größe des zu erwartenden täglichen Gasanfalles je Kopf der an eine Kläranlage angeschlossenen Bevölkerung ist von zwei Faktoren abhängig, nämlich von dem Gehalt des von einem Einwohner täglich anfallenden Frischschlammes an organischer Trockensubstanz und von der Länge der Zeit, während der man den Frischschlamm der Zersetzung überläßt. Die Dauer der Zersetzungszeit ist wiederum abhängig von zwei Faktoren, nämlich von dem gewünschten Grad der Ausfaulung des Schlammes und von der Geschwindigkeit der Zersetzungsarbeit. Die Geschwindigkeit der Zersetzungsarbeit endlich ist wiederum durch zwei Faktoren zu beeinflussen, nämlich durch die Temperatur, bei der die Zersetzung vor sich geht und durch das Maß der Bewegung und Durchmischung des Schlammes innerhalb des Faulraumes. Für die technische Durchführung des Faulverfahrens ist die erforderliche Größe des Faulraumes außer von vorstehenden Faktoren noch von dem Wassergehalt abhängig, mit dem der Frischschlamm in den Faulraum eingebracht wird. Diese verschiedenen Faktoren sollen zunächst einzeln und in ihrer gegenseitigen Abhängigkeit besprochen werden. Insbesondere soll untersucht werden, wie weit auf Grund der bisherigen Erkenntnisse und Messungen zahlenmäßige Beziehungen zwischen diesen einzelnen Faktoren festgestellt werden können, die es ermöglichen, an die Stelle der bisher üblichen gefühlsmäßigen Schätzung[1]) der erforderlichen Faulraumgröße und des zu erwartenden Gasanfalles eine einigermaßen zuverlässige Vorausberechnung zu setzen. Dabei soll zunächst nur der bei der mechanischen Abwasserreinigung durch Absetzen anfallende Frischschlamm nach Art und Menge der Berechnung zugrunde gelegt werden. In einer Schlußbemerkung soll dann die Brauchbarkeit des entwickelten Rechnungsverfahrens auch für den Schlammanfall der anderen Reinigungsverfahren erörtert werden.

2. Welche größte Gasmenge kann aus einem Frischschlamm erwartet werden, wie verteilt sich der Gasanfall über die Faulzeit?

Aus im wesentlichen nur häuslich verschmutztem Abwasser einer Mischkanalisation beträgt die Menge des täglichen Frischschlammanfalles von einem Einwohner bei 1½ stündiger Absitzzeit im großen Durchschnitt etwa 1 l mit 95% Wassergehalt, der Frischschlamm im Standglas nach zweistündigem Zusammensacken des Schlammes gemessen. Von den 50 g Trockensubstanz in dieser Frischschlammenge sind etwa 60 bis 70%, d. h. 30 bis 35 g organische Stoffe, während der Rest von 20 bis 15 g aus mineralischen Bestandteilen besteht. Da diese bei der Ausfaulung des Schlammes so gut wie garnicht verändert werden, können die Faulgase nur bei der Vergasung organischer Schlammteile entstehen. 1 l Faulgas wiegt rund gerechnet 1 g. Unter der Voraussetzung, daß die gesamte organische Schlammsubstanz vergast werden könnte, würde daher der größtmögliche tägliche Gasanfall je Einwohner 30 bis 35 l betragen können. Dies ist jedoch praktisch nicht möglich. Man hat wohl in Laboratoriumsversuchen leicht zersetzliche

Stoffe durch Impfen mit Faulschlamm bis auf 80% und mehr abgebaut — es wird dieserhalb auf die sehr aufschlußreichen Faulversuche von Bach und Sierp[1]) und auch auf die älteren Versuche von Spillner[2]) und Dunbar[3]) verwiesen —, das als Frischschlamm anfallende Gemisch durch Bakterien mehr oder weniger leicht zersetzbarer organischer Stoffe wird aber erfahrungsgemäß in wesentlich geringerem Umfang in den Faulkammern verzehrt. Im praktischen Betriebe findet in den Faulräumen der Emscherbrunnen in unserm Klima bei etwa dreimonatiger Faulzeit eine Verminderung der organischen Substanz um etwa ⅓ statt[4]). Durch künstliche Hilfen, auf die weiter unten noch näher eingegangen wird, dürfte das Maß der Zehrung der organischen Substanz im Faulraum im günstigsten Fall auf etwa die Hälfte bis höchstens ⅔ der im Frischschlamm enthaltenen Mengen gesteigert werden können. Da zudem ein kleiner Teil der organischen Substanz nach seiner Verflüssigung anscheinend nicht zur Vergasung gelangt, kann daher der größte tägliche Gasanfall aus dem Schlamm der mechanischen Abwasserreinigung unter den günstigsten Zersetzungsbedingungen je Einwohner nur 20 l oder noch ein wenig darüber betragen. In allen Fällen, in denen in der Literatur von ständig größeren Tagesausbeuten berichtet wird, müssen Sonderverhältnisse hinsichtlich des Anfalles von organischer Schlammenge je Kopf der Bevölkerung vorliegen, die sich nicht verallgemeinern lassen.

Faulzeit. Der Gasanfall aus einer bestimmten Schlammenge verteilt sich nun nicht gleichmäßig über die ganze Faulzeit, sondern die Vergasung ist in den ersten Wochen, in denen die am leichtesten zersetzbaren Stoffe abgebaut werden, am lebhaftesten und nimmt dann ständig ab. Die am leichtesten abzubauenden Stoffe sind die im Schlamm enthaltenen Kolloide, die den Bakterien die größte Oberfläche für ihren Angriff bieten. Blunk hat in seiner noch viel zu wenig beachteten Arbeit »Beitrag zur Berechnung von Faulräumen«[5]) seine Beobachtungen und Versuche auf den zahlreichen Kläranlagen der Emschergenossenschaft zusammengestellt und verarbeitet. Für den Zusammenhang zwischen Faulzeit und Gasentwicklung hat Blunk durch Gasmessungen an großen Faulräumen, deren Belastung und Faulzeit er — wie später noch geschildert wird — bestimmt hatte, eine Kurve gefunden, die in Abb. 1 wiedergegeben ist. Die Kurve gibt für das Emschergebiet den Gasanfall je Tag und Einwohner für verschiedene Faulzeiten bis zu 6 Monaten bei einer Faulraumtemperatur von 15° an. Da die Gaserzeugung, wie schon erwähnt, von dem Gehalt des täglichen Frischschlammanfalles an organischer Trockensubstanz abhängig ist, der im Emschergebiet wie allgemein in Deutschland etwa 30 g je Kopf und Tag beträgt, gilt die Kurve gleichzeitig für diese Menge an organischer Trockensubstanz. Man kann von ihr auf jeden anderen Tagesanfall proportional umrechnen. Der Wassergehalt des Frischschlammes ist bei gleicher Faulzeit auf die Größe des Gasanfalles ohne Einfluß, er ist nur von Bedeutung für die erforderliche Größe des Faulraumes, worauf ich weiter unten noch ausführlicher eingehe. Die Kurve

---

[1]) Noch in seiner letzten Veröffentlichung »Der Einfluß der Temperatur auf die nötige Größe der Schlammfaulräume« im Techn. Gem.-Bl. v. 5. 2. 28 z. B. gibt Imhoff in einer der neuen 5. Aufl. seines »Taschenbuches der Stadtentwässerung« entnommenen Kurve dieselbe Faulraumgröße für einen reifen Faulschlamm von 15 bis 20% Trockenwasser, d. h. also für 85 bis 80% Wassergehalt im Faulschlamm an, während in Wirklichkeit nach unseren Messungen die Ausfaulung bis 80% Wassergehalt eine um 100% größere Faulzeit und dementsprechend einen um 50% größeren Faulraum erfordert als bei Zersetzung bis nur 85% H₂O.

[1]) Dr. Bach u. Dr. Sierp, »Untersuchungen über den anaeroben Abbau organischer Stoffe durch Bakterien des Klärschlammes« im Zentralbl. f. Bakteriologie, Parasitenkunde und Infektionskrankheiten, 2. Abt., Bd. 62, 1924, Nr. 1/6.

[2]) Dr. Spillner, Chemiker der Emschergenossenschaft, »Zur Frage der Schlammverzehrung in der Faulkammer«, Ges.-Ing. 1909, Nr. 50 v. 11. 12. 09.

[3]) Dunbar, Leitfaden der Abwasserreinigung 1912.

[4]) Spillner u. Blunk, »Betriebsergebnisse aus mechanischen Kläranlagen der Emschergenossenschaft«, Techn. Gem.-Bl. XIII, Jahrg. 1910/11.

[5]) Siehe Blunk, »Beitrag zur Berechnung von Faulräumen«, Gesundheits-Ing. 1925, Heft 4.

zeigt nun, daß im ruhenden Faulraum bei 15° Schlammraumtemperatur und 2 Monaten Faulzeit je Kopf und Tag rd. 7 l, bei 4 Monaten 10,5 l und bei 6 Monaten rd. 11,5 l Gas anfallen. Die Verlängerung der Faulzeit von z. B. 2 Monaten auf das Doppelte steigert den Gasanfall also nur um die Hälfte, die weitere Verlängerung der Faulzeit von 4 Monaten um die Hälfte auf 6 Monate steigert den Gasanfall gar nur um etwa $1/_{10}$. Man erkennt daraus, daß man, um eine möglichst große Gasausbeute aus der Raumeinheit eines Faulraumes zu erzielen, die kürzeste, für den beabsichtigten Zweck eben ausreichende Faulzeit wählen muß. Man kann diese Blunk'sche Gaskurve auch noch anders deuten. Sie gibt nämlich als Summenkurve die Gasmenge an, die aus einem einmaligen täglichen Frischschlammanfall eines Ein-

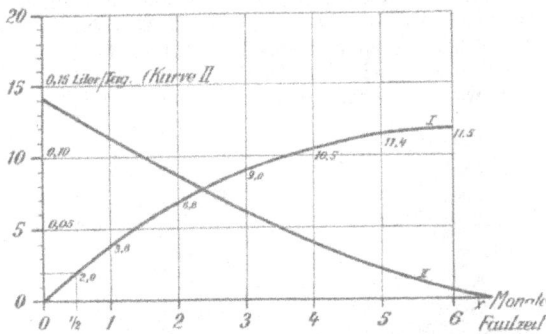

Abb. 1. Aus 30 g täglich mit dem Frischschlamm eingebrachter organischer Trockensubstanz werden bei 15° Faulraumtemperatur und einer Gesamtfaulzeit von x Monaten täglich y Liter Faulgas gewonnen. Mit steigender Temperatur steigt auch die Gasausbeute nach Abb. 9. Die Menge von 30 g organischer Trockensubstanz entspricht einem durchschnittlichen täglichen Frischschlammanfall für einen Einwohner, und zwar z. B. von 1 l Frischschlamm von 95 % Wassergehalt und 60 % Organischem in der Trockensubstanz. Soweit ein für die Zersetzungsvorgänge notwendiger niedrigster Wassergehalt nicht überschritten wird, ist der Wassergehalt des Frischschlammes bei gleicher Faulzeit für den Gasanfall belanglos, s. a. die veränderte Gaskurve der Abb. 4. Die Kurve II zeigt — aus der Summenkurve I errechnet — die tägliche Gasmenge, die aus einer einmal eingebrachten Frischschlammenge von 30 g organischer Trockensubstanz täglich während der Faulzeit im Faulraum entwickelt wird.

wohners mit 30 g organischer Trockensubstanz im Verlauf der sechsmonatigen Faulzeit bei 15° Faulraumtemperatur täglich entwickelt wird, und zwar während des senkrechten Durchwanderns des tiefen Emscherbrunnenfaulraumes. Aus dieser Summenkurve läßt sich dann auf einfache Weise rechnerisch die während der Faulzeit täglich aus der genannten Schlammenge entwickelte Gasmenge ermitteln. Das Ergebnis dieser Umrechnung ist als Kurve II in der Abb. 1 aufgetragen und zeigt, daß die Tagesgasmenge von etwa 0,14 l am ersten Tage stetig und ziemlich gleichmäßig auf den Wert Null am Ende des 6. Monats zurückgeht. Diese Kurve II muß sich natürlich von einer Kurve der täglichen Gasentwicklung aus derselben Schlammenge, die im Literkolben im Laboratorium bei derselben Temperatur nach Impfung zur Ausfaulung gebracht wird, wesentlich unterscheiden, da sich im Literkolben die hemmenden Einflüsse der dichten Lagerung des älteren Schlammes im unteren Teil des Faulraumes und seine für die Abführung der schädlichen Zersetzungsprodukte ungünstige Trennung von dem über dem Schlamm stehenden freien Schlammwasser durch dazwischen gelagerte meterhohe Schlammschichten nicht auswirken können.

3. Zusammenhang zwischen wirklicher Faulzeit und dem Abbau des Wassergehaltes im Schlamm bei 15° Temperatur.

Die untere zulässige Grenze für die zu wählende Faulzeit ist durch die Forderung gegeben, daß der Schlamm beim Abziehen aus dem Faulraum sein starkes Wasserbindevermögen und seine Fäulnisfähigkeit an der Luft verloren haben muß. Diese Forderung ist in reichlichem Maße bei

einem Zersetzungsgrad des Faulschlamms erfüllt, bei dem er einen Wassergehalt von etwa 80 % hat, oft wird der Schlamm auch schon bei einem Wassergehalt von 85 % und mehr auf die Trockenbeete geleitet. Wenn in dieser Arbeit ein Wassergehalt des Faulschlammes genannt wird, so ist der Schlamm stets in dem Zustand gemeint, in dem er sich in einem tiefen nicht künstlich aufgewirbelten Faulraum befindet. Einen künstlich aufgerührten Faulraum muß man daher vor Bestimmung des Wassergehaltes des Faulschlammes in ihm mindestens 12 Std. in Ruhe zusammensacken lassen. Nach den Messungen von Blunk ist ein Wassergehalt von 80 % bei 15° Faulraumtemperatur und 95 % Wassergehalt des Frischschlammes etwa nach 2½ Monaten Faulzeit erreicht. Die zuerst von Blunk festgestellte und genauer erforschte Schichtung des Schlammes im ruhenden tiefen Emscherbrunnen nach dem Alter des von oben in den Faulraum eintretenden frischen Schlammes gibt nämlich die Möglichkeit, den Zusammenhang zwischen Faulzeit und Abnahme des Wassergehaltes durch unmittelbare Messung zuverlässig festzustellen. Blunk gibt auf Grund seiner zahlreichen an Faulräumen im Emschergebiet durchgeführten Messungen das als Abb. 2 wiedergegebene Kurvenbündel, aus dem die Reduzierung des Wassergehaltes im Verlauf einer sechsmonatigen Faulzeit für einen von 94 bis 99 %

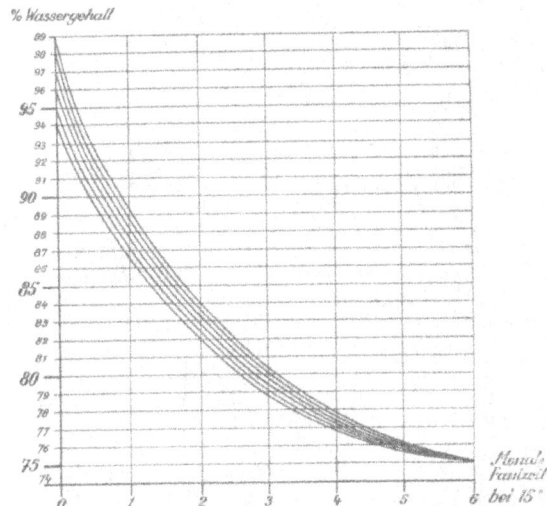

Abb. 2. Zusammenhang zwischen Wassergehalt und Faulzeit für verschiedenen Anfangswassergehalt bei 15° Faulraumtemperatur und bei nach Abb. 2 geschichtetem Faulrauminhalt ohne Berücksichtigung der Zehrung der Schlammtrockensubstanz nach Blunk, s. a. Abb. 4 und 5.

schwankenden Anfangswassergehalt zu entnehmen ist. Bei 2½ Monaten Faulzeit ist der tägliche Gasanfall je Einwohner nach der Abb. 1 etwa 8 l, von den 30 g täglich eingebrachter organischer Trockensubstanz wird also etwa ¼ vergast, im Faulschlamm kommen dann auf die voll erhaltenen 20 Teile mineralischer Trockensubstanz noch 30 — 8 = 22 Teile organische Stoffe, d. h. rd. 48 % mineralische zu 52 % organische Stoffe gegenüber 40 % zu 60 % im eingebrachten Frischschlamm. Bei längerer Faulzeit geht der Wassergehalt des Frischschlammes im Emscherbrunnenfaulraum nur sehr langsam weiter herunter und beträgt nach 6 Monaten unabhängig vom Anfangswassergehalt etwa 75 %. Ein Frischschlamm von 95 % Wassergehalt, d. h. von 19 Teilen Wasser auf 1 Teil Trockensubstanz verringert sein Volumen nach diesen Kurven auf einen Wassergehalt von 90 %, das sind 9 Teile Wasser auf 1 Teil Trockensubstanz — also das halbe Volumen — in reichlich einem halben Monat, die weitere Abnahme des Wassergehaltes geschieht dann immer langsamer, nach 2 Monaten — also der 4fachen Faulzeit — ist er auf etwa 82 % herabgegangen, d. h. auf 1 Teil Trockensubstanz kommen $\frac{82}{18}$ = rd. 4,5 Teile Wasser. Dabei ist in diesen

2*

Kurven die Abnahme der Schlammtrockensubstanz durch Verflüssigung und Vergasung noch nicht berücksichtigt. Die Auftragung dieser Kurven ist vielmehr, wie Blunk in der angezogenen Veröffentlichung mitteilt, folgendermaßen geschehen: In einer sehr großen Anzahl von Emscherbrunnenfaulräumen auf den verschiedensten Anlagen ist über die ganze Tiefe verteilt der Wassergehalt des Faulschlammes zuverlässig festgestellt und daraus die Menge S der ganzen im Faulraum jedes Brunnens enthaltenen Trockensubstanz errechnet (siehe die der genannten Arbeit von Blunk entnommene Abb. 3). Ferner ist aus der Untersuchung des Abwassers die Trockensubstanz im täglich jedem Brunnen zugeführten Frischschlamm der Menge s nach genau be-

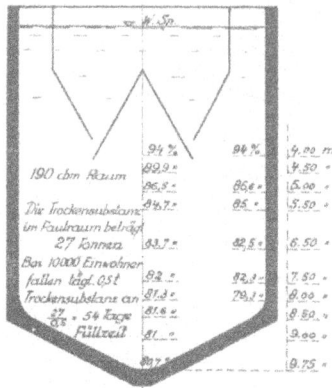

Abb. 3. Schichtung des Faulschlammes nach seinem Alter in einem Emscherbrunnen der Kläranlage Essen-Nordwest, nach Blunk.

stimmt. Da sich in einem Emscherbrunnenfaulraum wie in jedem anderen von oben beschickten tiefen ruhenden Faulraum der Schlamm nach dem Alter ablagert[1]), befindet sich der älteste Schlamm, der am längsten im Brunnen ist und dessen Wassergehalt ja durch die Messung bekannt ist, an der Sohle des Brunnens. Die Zeit, die er von seinem Eintritt als Frischschlamm ab für die senkrechte Durchwanderung des Brunnens gebraucht hat, errechnet Blunk nun aus den beiden durch die Beobachtung bekannt gewordenen Zahlen S und s. Wenn täglich eine Trockenschlammenge s in den Brunnen gelangt und der Gesamtinhalt an Trockenschlamm des gefüllten Brunnens S beträgt, so muß nach dem Schluß von Blunk der jetzt älteste Schlamm an der Sohle des Brunnens vor $\frac{S}{s}$ Tagen in den Brunnen eingetreten sein. Zu der Faulzeit $\frac{S}{s}$ Tage gehört daher nach seiner Rechnung der im Sohlschlamm festgestellte Wassergehalt. Aus den jahrelangen Betriebsbeobachtungen von zahlreichen Faulräumen im Geschäftsbereich der Emschergenossenschaft mit der verschiedensten Frischschlammzusammensetzung und auch stark schwankenden Faulzeiten hat Blunk dann die wertvollen Kurven der Abb. 2 als Mittelwerte unter Berücksichtigung der verschiedenen Faulraumtemperaturen (siehe weiter unten) zusammengestellt. Da von uns im Emschergebiet eine große Anzahl von Kläranlagen mit normal verschmutztem städtischen Abwasser betrieben wird und das gewerbliche Abwasser in den in die Untersuchung mit einbezogenen Anlagen in der Hauptsache nur geringe Mengen organischer Schlammstoffe bringt, wohl aber Eisenbeizen, durch die der normale Frischschlamm infolge Ausfällung der Kolloide zwar wesentlich wasserreicher (bis 98%) wird, durch die er aber nicht chemisch verändert wird, so dürften diese Blunk'schen Wassergehaltskurven allgemeine Geltung für den Schlamm aller großen Städte haben.

---

[1]) Siehe Blunk, »Beitrag zur Erforschung der Vorgänge in zweistöckigen Kläranlagen«, Ges.-Ing. 1926, Heft 26.

Man kann diese Kurven hinsichtlich der Faulzeit nun noch ergänzen, wenn man den Einfluß der Zehrung der Trockensubstanz berücksichtigt. Wenn Blunk die Faulzeit der untersten Schlammschicht aus der Zahl $S:s$ errechnet, so nimmt er an, daß der Trockenschlamm in voller Größe erhalten bleibt. Wie schon erwähnt, wird aber bei den üblichen Abmessungen von Emscherbrunnen die organische Trockensubstanz in der üblichen Faulzeit von 3 Monaten um etwa $\frac{1}{3}$ abgebaut, sodaß in der Zahl S eine größere Anzahl von reduzierten Tagesrationen enthalten ist als Blunk errechnet, sodaß also die Faulzeit der untersten Schlammschicht größer sein muß. Macht man die Annahme, daß nach 3monatiger Faulzeit etwa 35% der gesamten organischen Trockensubstanz des täglich eingebrachten Frischschlammes verzehrt sind, so ist weiter die Annahme berechtigt, daß sich der Abbau über die 6 Monate in demselben Verhältnis verteilt wie die aus diesen Schlammstoffen entstehenden Faulgase nach Abb. 1 in dieser Zeit anfallen. In der Abb. 4 ist von der Abszisse nach unten aufgetragen, wie der 65% betragende organische Anteil von einem Raumteil Trockensubstanz vom Beginn der Faulung bei 0 allmählich während einer 6monatigen Faulzeit bis auf 0,35

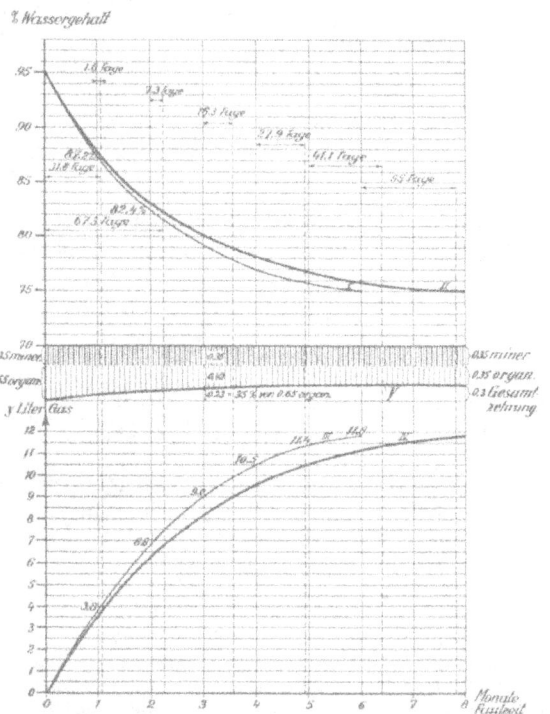

Abb. 4. Ermittelung der wirklichen Faulzeiten für 15° Faulraumtemperatur unter Berücksichtigung der Schlammzehrung auch in der Trockensubstanz.
   I. Wassergehaltskurve nach Blunk, s. Abb. 3.
   II. Wassergehaltskurve für die wirklichen Faulzeiten,
   III. Gaskurve nach Blunk aus Abb. 1,
   IV. Gasanfallkurve für die wirklichen Faulzeiten bei einer täglichen Frischschlammzufuhr mit 30 g organischer Trockensubstanz,
   V. Zehrungskurve für die Schlammtrockensubstanz.

Raumteile verzehrt wird, die einzelnen Monatsendordinaten der Zehrung verhalten sich zueinander wie die Ordinaten des täglichen Gasanfalles am Ende jedes Monats in der Abb. 1, während der dunkler schraffierte mineralische Anteil in voller Höhe erhalten bleibt. Der Abstand zwischen der Nullinie und der Zehrungskurve gibt nun an, auf welche Restmenge ein Raumteil eingebrachter Schlammtrockensubstanz mit zunehmender Faulzeit reduziert wird. Umgekehrt gibt, vom Nullpunkt angefangen, jede weitere Tagesordinate bis zu einem bestimmten Zeitpunkt (z. B. 90 Tagen) an, bis auf welchen Rest s die jeweils einen weiteren Tag vorher eingebrachte Einheit an Schlammtrockensubstanz verzehrt worden ist. Die Summe der Tagesordinaten von 0 bis zu dieser Zeit gibt daher die restliche Gesamtsubstanz aller während dieser Zeit eingebrachten, z. B. 90 Tagesrationen an Trockensubstanz an. Die von Blunk angegebene Faulzeit für einen bestimmten Wassergehalt ist daher nach dem Gang seiner Ermittelung dieser Zahl jeweilig um so viel Tage zu vergrößern, daß die Summe aller nach dieser Zehrungskurve reduzierten Tagesordinaten gleich der Summe der während der Blunk'schen Faulzeit in gleicher Größe 1 erhalten gebliebenen Tagesrationen wird. Die beispielsweise nach der Blunkschen Kurve für Frischschlamm mit 95% Wassergehalt in 180 Tagen = 6 Monaten erreichte Reduzierung des Wassergehaltes auf 75% wird nach dieser Berechnung erst in 235 Tagen, d. h. in nahezu 8 Monaten erreicht. In der Abb. 4 ist das Beispiel für die einzelnen Monate durchgerechnet und festgestellt, daß der nach Blunk in 30 Tagen erreichte Wassergehalt von 87,2% erst nach 31,8 Tagen, der Wassergehalt von 82,4 anstatt in 60 Tagen erst nach 67,3 Tagen usw. erreicht wird. Nach demselben Gedankengang sind in dem Kurvenbündel der Abb. 5 die Blunk'schen Wassergehaltskurven für die am häufigsten vorkommenden Grenzen von 94 bis 99% auf die Schlamm-

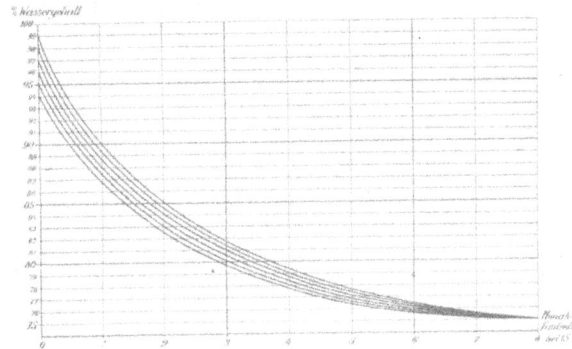

Abb. 5. Wassergehalt des Faulschlammes bei den wirklichen Faulzeiten für einen von 94 bis 99% schwankenden Anfangswassergehalt. Je nach der Jahreszeit genügt zur Erreichung der „Fäulnisunfähigkeit" des Schlammes an freier Luft die Reduzierung seines Wassergehaltes auf 80 bis 85% („volle" Ausfaulung bei 75% H₂O).

zehrung umgerechnet worden. Der Wassergehalt von 80%, der für die praktische Ausfaulung im allgemeinen genügt, wird hiernach in 3 bis 3,5 Monaten Faulzeit erreicht[1]).

Diese durch die Zehrung der Trockensubstanz bedingte Veränderung der zu den einzelnen Wassergehaltszahlen gehörigen Faulzeiten erstreckt sich auch auf die Faulzeiten der Blunk'schen Gasanfallkurve der Abb. 1, die von Blunk genau wie die Zeiten der Abb. 2 bestimmt wurden. In der Abb. 4 ist als Kurve II die veränderte Gaskurve für die wirklichen Faulzeiten aufgetragen, die unseren weiteren Berechnungen zugrunde gelegt werden soll.

4. Errechnung der Faulraumgröße aus der Wassergehaltskurve des auszufaulenden Schlammes für 15° Schlammraumtemperatur.

Ist von einem Frischschlamm die sein Verhalten beim Ausfaulen charakterisierende Wassergehaltskurve während der Faulzeit (»Faulkurve«) bekannt, so lassen sich daraus alle weiteren Angaben, die zur Berechnung der Faulraumgrößen nötig

sind, mathematisch ableiten[1]). In der Abb. 6 ist z. B. für die Frischschlammkurve 95% der Abb. 5 die Abnahme des Gesamtschlammvolumens während der Faulzeit bis zu 8 Monaten maßstäblich aufgetragen, und zwar die Trockensubstanz, die bis zum Ende des 8. Monats auf rd. 0,70 Raumteile von einem bei 0 Monat eingebrachten Raumteil 1,0 verzehrt wird, als Kurve II von der Abszisse nach unten, und die Wassermenge, die unter Berücksichtigung des für die jeweilige Faulzeit nach Abb. 5 gültigen Wassergehaltes auf die Resttrockenmenge zu rechnen ist, als Kurve III

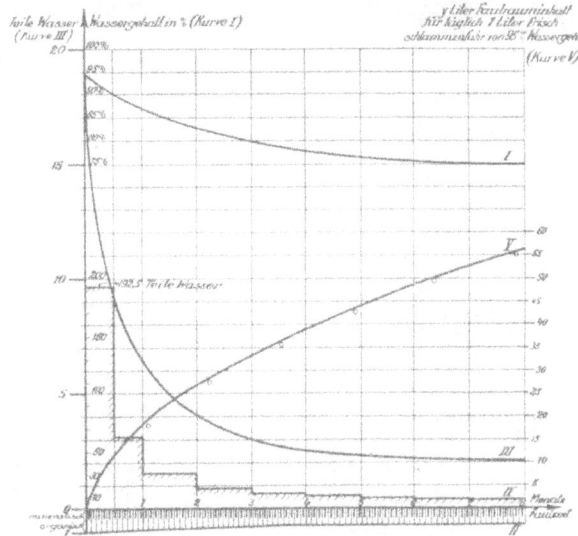

Abb. 6. Rechnerische Ermittelung der Faulraumgröße für 15° Schlammraumtemperatur und die wirklichen Faulzeiten bei einem täglichen Frischschlammanfall von 1 l mit 95% Wassergehalt (durchschnittl. Tagesanfall für 1 Einwohner).
  I. Abnahme des Wassergehaltes in % nach Abb. 4 u. 5,
  II. Abnahme der Schlammtrockensubstanz,
  III. Abnahme des Schlammvolumens durch Wasserabgabe nach I und durch Zehrung der Trockensubstanz nach II,
  IV. Menge an Schlammwasser, die durch Vergasung von 1 Teil Schlammtrockensubstanz freigemacht wird,
  V. Faulraumgröße in Litern je Liter täglicher Frischschlammzufuhr.

nach oben hin. Der Abstand dieser beiden Kurven II und III gibt dann an, auf welche Restmenge die eingebrachte Frischschlammenge von 1 + 19 = 20 Teilen mit zunehmender Faulzeit durch Wasserabgabe und Zehrung der Schlammtrockensubstanz reduziert wird. Umgekehrt geben alle Tagesordinaten von Null bis zu einem bestimmten Zeitpunkt für diesen Zeitpunkt das jeweilige Schlammvolumen an, mit dem sämtliche bis zu diesem Zeitpunkt eingebrachten Tagesrationen an Frischschlamm noch im Faulraum enthalten sind. Die Summe aller Tagesordinaten von 0 bis zu diesem Zeitpunkt gibt daher die Größe des Faulraumes an, die erforderlich ist, wenn sich die tägliche Frischschlammration von 20 Einheiten (1 Einheit Trockenschlamm + 19 Einheiten Wasser) die erforderliche Anzahl von Tagen bis zu diesem Zeitpunkt in dem Faulraum zur Ausfaulung aufhalten soll. Das durch die Zersetzung freiwerdende Schlammwasser muß dabei natürlich täglich aus dem Faulraum abgezogen werden. In der unteren Kurve V der Abb. 6 ist für alle Faulzeiten von 0 bis zu 240 Tagen die zugehörige Größe des Faulraumes in

---

[1]) Nach Niederschrift dieser Arbeit erscheint eine Veröffentlichung von Bendler über die »Vorreinigungsanlage auf dem Rieselfeld Waßmannsdorf« in »Fünfzig Jahre Berliner Stadtentwässerung« von Hahn und Langbein, Berlin 1928, Verlag A. Metzner. Nach den von Bendler mitgeteilten Beobachtungen an der beschriebenen Emscherbrunnenanlage nimmt der Wassergehalt des Schlammes auch dort in 90 Tagen von 96% auf 80% ab.

[1]) Die in der schon genannten Veröffentlichung von Imhoff im »Techn. Gem.-Bl.« vom 5. 2. 28 für 15° Faulraumtemperatur angegebene Faulzeit von 2 Monaten läßt sich zum Vergleich nicht heranziehen, da leider der genaue Wassergehalt nicht angegeben ist, sondern nach dem einleitenden Satz im reifen Schlamm zwischen 80 und 85% schwanken kann. Nach obiger Kurve entspricht die Faulzeit von 2 Monaten unter normalen Verhältnissen einer Ausfaulung bis 83% Wassergehalt, sie steigt von 1,5 Monaten bei 85% auf 3 Monate bei 80% Wassergehalt.

Litern für einen täglichen Frischschlammanfall von 1 l mit 95% Wassergehalt aufgetragen, die durch Integration der oberen Kurve — reduziert im Verhältnis 1 : 20 — entstanden ist[1]). Es ist von Bedeutung, daß die von Blunk aus seinen Messungen empirisch ermittelten, in der Abb. 6/V durch Kreise angegebenen Werte — wenn man, wie in der Abbildung geschehen, die ohne Schlammzehrung errechneten Faulzeiten entsprechend der Abb. 4 verlängert — sich ziemlich genau mit dieser errechneten Kurve decken.

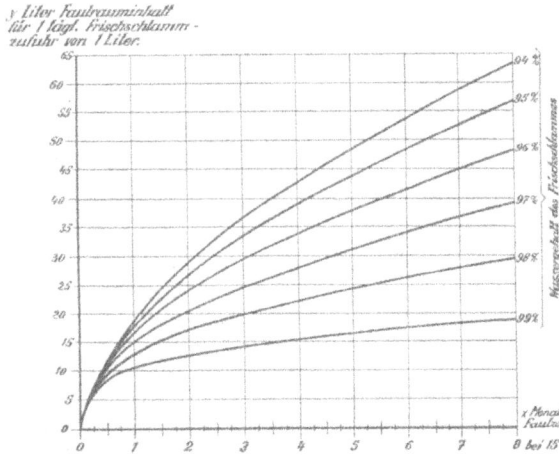

Abb. 7. Faulraumgröße bei 15° Temperatur und für die wirklichen Faulzeiten für einen täglichen Frischschlammanfall von 1 l mit einem Wassergehalt von 94 bis 99%, s. a. Abb. 6. In Deutschland fällt unter normalen Verhältnissen je Einwohner täglich 1 l Frischschlamm mit 95% Wassergehalt an.

. Die Abb. 7 gibt das Kurvenbündel der Faulraumgrößen für einen Wassergehalt des Frischschlammes von 94 bis 99%, und zwar bezogen auf 1 l täglichen Frischschlammanfall. Die Abb. 8 gibt dasselbe Kurvenbündel bezogen auf eine

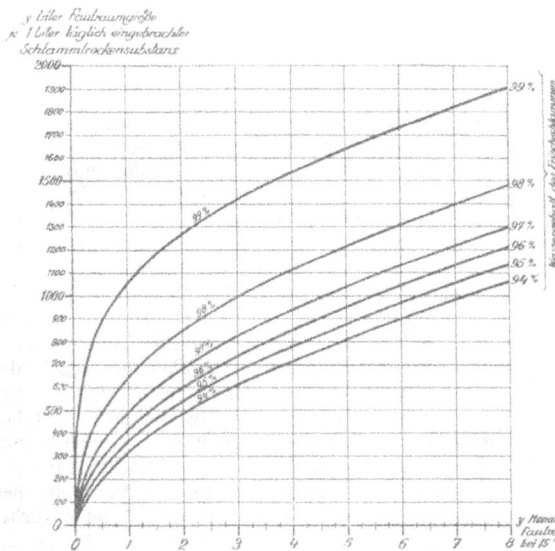

Abb. 8. Faulraumgröße bei 15° Temperatur und für die wirklichen Faulzeiten für einen täglichen Frischschlammanfall von 1 l Trockensubstanz mit 60 bis 70% organischen Bestandteilen für einen Wassergehalt des Frischschlammes von 94 bis 99%. In Deutschland fallen unter normalen Verhältnissen je Einwohner und Tag 50 g Trockensubstanz im Frischschlamm an. Der Schlamm wird nach 2 bis 3 Monaten Aufenthaltszeit im Faulraum genügend „fäulnisunfähig" für die Ablagerung in freier Luft.

Raumeinheit täglich einzubringender Trockensubstanz der üblichen Zusammensetzung. Aus dieser letzten Abbildung

ersieht man anschaulich den Einfluß des Wassergehaltes des eingebrachten Frischschlammes auf die erforderliche Faulraumgröße, der besonders bei kürzerer Faulzeit von großer Bedeutung ist.

5. Einfluß der Schlammraumtemperatur auf die Faulgeschwindigkeit und den Gasanfall. Auf 15° C »reduzierte Faulzeiten«.

Dem Ablauf der Faulvorgänge bei den vorstehenden Berechnungen liegt nun eine bestimmte, bisher als konstant angenommene Faulgeschwindigkeit zugrunde, und zwar die Faulzeiten, wie sie in einem »ruhenden«, das soll heißen »nicht künstlich in Bewegung gehaltenen« tiefen Faulraum bei einer konstanten Temperatur von 15° C beobachtet wurden. Es ist jedoch schon lange bekannt, daß die Geschwindigkeit des Faulprozesses in hohem Maße von der Temperatur im Faulraum abhängig ist. Sinkt die Faulraumtemperatur unter etwa 4 bis 6° C, so hört die Gasentwicklung wie auch die Schlammverflüssigung völlig auf. Mit steigender Temperatur wird die Gasentwicklung immer lebhafter bis etwa 25° C, um bei weiterer Temperatursteigerung kaum noch zuzunehmen und nach Sierp[1]) bei 50° wieder ganz aufzuhören, während die Schlammverflüssigung mit weiter steigender Temperatur auch weiterhin zunimmt. Zur Erforschung dieser Grenzen haben die umfangreichen Laboratoriumsversuche von Dr. Sierp beim Ruhrverband in Essen ganz wesentlich beigetragen. Für die Berechnung der Faulräume ist nun von besonderer Bedeutung, das Verhältnis der bei verschiedenen Temperaturen innerhalb der oben genannten Grenzen aus derselben Schlammenge zu erwartenden Gasmengen und ihren Zusammenhang mit dem bei der Schlammfaulung beabsichtigten technischen Effekt zahlenmäßig zu kennen. Bei den Schwankungen, mit denen man in der Zusammensetzung

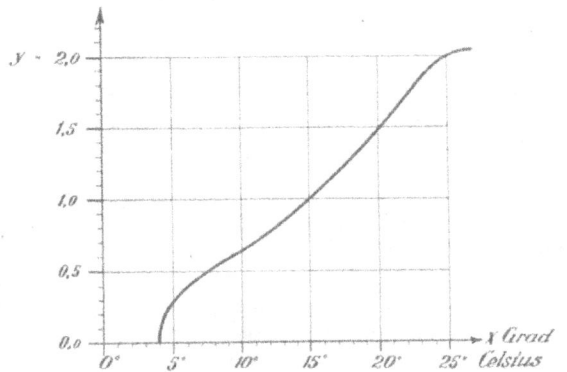

Abb. 9. Verhältnis des Gasanfalles in der Zeiteinheit aus demselben Faulraum bei verschiedenen Temperaturen nach Blunk.

des Frischschlammes während der Tagesstunden und der Jahreszeiten rechnen muß, kann man naturgemäß aus laboratoriumsmäßigen Vergasungsversuchen im Literkolben keine für die technische Berechnung von Faulräumen brauchbaren Zahlen erwarten. Hierfür sind von größerer Zuverlässigkeit die sich über längere Zeiträume erstreckenden Betriebsbeobachtungen großer Faulräume, die allen Zufälligkeiten in der Frischschlammzufuhr ausgesetzt waren. Aus den Messungen der Emschergenossenschaft hat Blunk[2]) festgestellt, daß bei einer Steigerung der Faulraumtemperatur von 7,5 auf 15° C die aus derselben Schlammenge in derselben Zeit anfallende Faulgasmenge verdoppelt wird und daß eine weitere Verdoppelung der Gasmenge bei Erhöhung der Temperatur von 15 auf 25° C, d. h. bis zum Optimum der Schlammvergasung eintritt. Durch ·diese 3 Zahlen ist die in Abb. 9 dargestellte Temperaturkurve

---

[1]) Siehe auch den Aufsatz von Bendler, der einen ähnlichen Rechnungsgang zur Ermittelung der Faulraumgröße gewählt hat.

[1]) Dr. Sierp, »Über den Einfluß der Temperatur auf die Zersetzungsvorgänge in den Schlammfaulräumen«, Techn. Gem.-Bl. 27. Jahrg., Nr. 17/18.

[2]) Siehe a. a. O.

festgelegt, die für alle technischen Berechnungen ausreichend genau sein dürfte. Sie deckt sich auch in großen Zügen mit den sonst bekanntgegebenen Betriebsbeobachtungen. Eddy[1]) z. B. hat bei der Beobachtung amerikanischer Faulräume festgestellt, daß bei einer Temperatur von 21,1° C der Gasanfall doppelt so hoch ist als bei der mittleren Jahrestemperatur von 12,7°. Die Kurve der Abb. 9 zeigt für diese beiden Temperaturen die Gasmengen 1,6 und 0,8, also genau das Verhältnis 2 : 1. Eine Vermehrung des Gasanfalles durch künstliche Beheizung auf das Zehnfache, die nach neueren Literaturstellen beobachtet wurde, kann nur bei Faulräumen vorkommen, in denen vor der Beheizung die Schlammzersetzung wegen Auskühlung nahe am Erlöschen war und die durch Erwärmung neu angeregt wurde.

Wie schon erwähnt, sind alle in den Abb. 1 bis 7 angegebenen Zeitwerte auf eine Faulraumtemperatur von 15° C bezogen, die wir im folgenden stets als »Normaltemperatur« bezeichnen wollen. Um nun die Faulraumgröße für eine von 15° abweichende Schlammraumtemperatur festzustellen, schlägt Blunk auf Grund seiner Beobachtungen vor, die Zeitwerte der für 15° aufgestellten Kurven der Faulraumgrößen (Abb. 6 bis 8) mit einem »Zeitfaktor« zu multiplizieren, der dem reziproken Wert der in Abb. 9 für die verschiedenen Temperaturen angegebenen Gasmengen entspricht, und für den so »reduzierten Zeitwert« die Faulraumgröße aus den genannten für 15° geltenden Abb. 6 bis 8 zu entnehmen. Für 25° z. B. ist danach mit der halben und für 7,5° mit der doppelten »reduzierten Faulzeit« als für 15° zu rechnen, und hieraus ergibt sich z. B. für Ausfaulung von 95% bis 80% Wassergehalt, die bei 15° C und 34 l Faulraum je Einwohner in 3 Monaten wirklicher Faulzeit erfolgt, für 25° bei 1,5 Monaten »reduzierter Faulzeit« eine Faulraumgröße von 23 l, und für 7,5° bei rechnerisch 6 Monaten »reduzierter Faulzeit« eine Faulraumgröße je Einwohner von 49 l. Für die Temperaturen 7,5°, 15° und 25°, für die die anfallenden Gasmengen im Verhältnis 0,5 : 1 : 2 und dementsprechend die »reduzierten Faulzeiten« auch im Verhältnis 0,5 : 1 : 2 stehen, verhalten sich daher die zur Erreichung desselben technischen Effektes erforderlichen Faulraumgrößen nach dem Blunkschen Rechnungsgang wie etwa $^3/_2 : 1 : ^2/_3$, was den praktischen Beobachtungen entspricht.

Dabei darf nicht übersehen werden, daß diese »reduzierten Faulzeiten« nur eine rein rechnerische Bedeutung für die Benutzung der auf 15° abgestimmten Berechnungskurven haben und daß die wirklichen Faulzeiten bei den von 15° abweichenden Temperaturen jeweils zwischen der für den beabsichtigten Grad der Ausfaulung bei 15° gültigen »Normalfaulzeit« und der »reduzierten Faulzeit« liegt.

Wenn Blunk nach der Unterschrift unter der den Wärmeeinfluß angebenden Abb. 4 seiner mehrfach genannten Arbeit über die Berechnung von Faulräumen den »Zeitfaktor« auch auf die Zeiten der die Abnahme des Wassergehaltes mit der Faulzeit bei 15° angebenden Abb. 11 dieser Arbeit anwenden will und damit diese »reduzierten Faulzeiten« den wirklichen Faulzeiten gleichsetzt, so schwebt ihm dabei eine nicht klare Vorstellung über den Verlauf der Schlammfaulung vor. Würde die »reduzierte Faulzeit« von beispielsweise 1,5 Monaten bei 25° entsprechend 3 Monaten bei 15° auch die »wirkliche Faulzeit« sein, d. h. wäre der Wassergehalt schon in der halben Zeit wie bei 15° auf 80% heruntergegangen, so brauchte der hierzu nötige Faulraum anstatt $^2/_3$ nur halb mal so groß zu sein wie bei 15°, da ja die Halbierung der Faulzeit auch für alle Zwischenstufen der Faulung von 95% auf 80% gelten würde und nach dem Gang der Faulraumberechnung beim Gleichbleiben aller anderen Faktoren auch die Faulraumgröße dadurch halbiert würde, was aber mit den praktischen Beobachtungen nicht übereinstimmt. Aber auch rein theoretische Überlegungen würden einem solchen Ergebnis widersprechen.

Man könnte zwar zunächst auch theoretisch der Ansicht sein, daß bei verschiedenen Temperaturen mit den Faulzeiten auch die erforderlichen Faulraumgrößen im Verhältnis der aus der Raumeinheit des Faulraumes in derselben Zeit entwickelten Gasmengen zu bemessen wären, denn wenn z. B. bei 25° aus der Raumeinheit die doppelte Gasmenge als bei 15° entwickelt wird, so braucht der ganze Faulraum zur Erzeugung der gleichen Gasmenge als bei 15° nur halb so groß zu sein. Diese Überlegung ist richtig, wenn man bei einer von 15° abweichenden Temperatur ohne Rücksicht auf den technischen Effekt nur dieselbe Gasmenge wie bei 15° gewinnen will. Will man aber, wie die Aufgabe wohl häufiger gestellt sein wird, bei verschiedenen Temperaturen einen bestimmten Grad der Ausfaulung, z. B. bis 80% Wassergehalt, erreichen, so würde die Veränderung der Faulraumgröße im Verhältnis der aus der Raumeinheit entwickelten Gasmengen nur unter der Voraussetzung richtig sein, daß sich die Vergasung bei der anderen Temperatur genau auf dieselben Schlammteile erstreckt, deren Abbau bei der Normaltemperatur die gewünschte Reduzierung des Wassergehaltes bis 80% bewirkt. In diesem Falle wäre der Ablauf des Fäulnisvorganges genau in dem Maße beschleunigt oder verzögert worden, wie die zu den entwickelten Gasmengen nach der Gaskurve der Abb. 4, IV gehörigen Zeiten dies angeben. Diese Voraussetzung trifft aber nicht zu, wie aus folgenden Überlegungen hervorgeht.

Die Gaskurve der Abb. 4, IV zeigt die monatliche Zunahme der aus einem bestimmten Quantum organischer Schlammtrockensubstanz bei der Normaltemperatur entwickelten Gasmenge. Diese Gasmengen entstehen, wie schon erwähnt, bei der Zersetzung derjenigen Schlammstoffe, deren Abbau bei Normaltemperatur die von Blunk beobachtete, in den Kurven der Abb. 6 u. 7 angegebene Abnahme des Wassergehaltes im Gesamtschlamm bedingen. Wie aus der Kurve IV der Abb. 6 ersichtlich, ist die Menge an Schlammwasser, die bei Zersetzung von 1 Teil der Schlammtrockensubstanz frei wird, während der Faulzeit durchaus nicht gleichmäßig, sondern beträgt am Anfang — besonders im ersten Monat — mehr als zehnmal so viel als in den weiteren Monaten. Dieser große Unterschied ist dadurch zu erklären, daß die am leichtesten zu zersetzenden Schlammbestandteile gerade die wasserreichsten, zum großen Teil kolloidal aufgeschwemmten Stoffe im Schlamm sind, die den Bakterien eine viel größere Oberfläche darbieten als die mehr zusammengeballten Schlammstoffe, sodaß also an den wasserreichen Schlammstoffen auf die Gewichtseinheit Trockensubstanz gerechnet eine viel größere Anzahl von Bakterien ihre Zersetzungsarbeit verrichten können als an den zusammengeballten Stoffen, bei denen die Bakterien erst nach Abbau bzw. Verflüssigung der Oberfläche allmählich in das Innere der Schlammteilchen vordringen können.

Die Bedeutung der Zerstörung der Kolloide auf die Entwässerung des Frischschlammes wird noch einleuchtender, wenn man aus der Kurve II (Abb. 6) den Verlauf der der Gasentwicklung folgenden Zehrung der Schlammtrockensubstanz während der Faulzeit verfolgt. Im ersten Monat wird nahezu genau so viel Trockensubstanz abgebaut wie in den beiden nächsten Monaten zusammen. Wenn nun, wie die Beobachtungen zeigen, diese lebhafte Zersetzungsarbeit z. B. des ersten Monats bei der angenommenen höheren Temperatur von 25° auf eine wesentlich kürzere Zeit zusammengedrängt wird, so setzt dies eine solche Intensivierung der Bakterienarbeit, zum großen Teil wohl durch schnellere Vermehrung der Bakterien voraus, daß die so angeregten Bakterienkolonien gleichzeitig mit dem Abbau der Kolloide auch Schlammteile angreifen, die schwerer aufzuschließen sind, und die sie ohne diese Anregung erst wesentlich später oder auch garnicht angegriffen hätten, wie dies durch Laboratoriumsversuche nachgeprüft werden kann. Ich komme auf diese Frage im anderen Zusammenhang noch einmal zurück. Diese schwer zersetzlichen Schlammbestandteile, deren Vergasung durch die Bakterienarbeit bei niedrigeren Temperaturen erst in den späteren

[1]) Eddy, H. P., Imhoff Tanks, Reasons for differences in behavior. Proceedings of the American Society of Civil Engineers, Mai 1924, Vol. L, Nr. 5, S. 627.

Monaten der Faulung erfolgt, tragen nun bei ihrer beschleunigten Zersetzung zur Herabminderung des Wassergehaltes des Schlammes nur unwesentlich bei (s. Kurve IV, Abb. 6), während die aus ihnen gewonnenen Gasmengen zur Verdoppelung des Gasanfalles in dem wärmeren Schlammraum unseres Beispiels ebenso beitragen wie die Gasmengen aus kolloidalen Schlammteilen, deren Zersetzung aber etwa zehnmal soviel Schlammwasser frei macht.

Mir lag daran, diesen Unterschied in der Herkunft der einzelnen Gasanteile möglichst deutlich und ausführlich zu entwickeln, weil er auch in einem späteren Zusammenhang noch von Bedeutung ist. Zunächst ergibt sich aus diesen Überlegungen, daß z. B. die Verdoppelung der Faulgasmenge für den angenommenen Fall der Temperaturerhöhung von Normaltemperatur auf 25° nicht nur durch die schnellere Zersetzung der das Wasserbindevermögen des Schlammes bedingenden Stoffe verursacht wird, sondern zum Teil auch durch die beschleunigte Zersetzung anderer Stoffe. Der Gasanfall aus der Faulraumeinheit bei verschiedenen Temperaturen kann daher nicht als Maßstab für das Verhältnis der zur Erreichung desselben technischen Effektes erforderlichen Faulraumgrößen dienen. Um die Faulraumgrößen bei den von 15° abweichenden Temperaturen mit derselben Zuverlässigkeit wie bei dieser Normaltemperatur berechnen zu können, müßte man für den Zusammenhang zwischen Wassergehalt und Faulzeit etwa bei 9° und 25° durch Messungen an Faulräumen, in denen ständig diese Temperaturen herrschen, dieselben Kurven ermitteln, wie Blunk sie für 15° aufgestellt hat. Untersuchungen mit diesem Endziel sind bei uns eingeleitet. Es wäre sehr zu begrüßen, wenn auch von anderen Verwaltungen die hier geschilderten Messungen und ihre vorgeschlagene Auswertung auf ihren Anlagen nachgeprüft würden und das Ergebnis uns mitgeteilt würde, damit dieser Versuch einer exakten Berechnung der Faulraumgrößen allmählich immer genauer mit den praktischen Erfahrungen in Einklang gebracht werden kann. Solange nun solche Kurven für andere Temperaturen noch nicht vorliegen, muß man einen Umrechnungsmaßstab für die bisher vorhandenen Kurven suchen, der der Wirklichkeit möglichst nahe kommt. Und hier halte ich den von Blunk auf Grund seiner Messungen gemachten Vorschlag zur Berechnung der bei anderen Temperaturen als 15° erforderlichen Faulraumgrößen zunächst eine »reduzierte Faulzeit« nach dem Verhältnis der aus der Faulraumeinheit bei den betreffenden Temperaturen anfallenden Gasmengen zu errechnen und für diese »reduzierte Faulzeit« die erforderliche Faulraumgröße aus den für 15° geltenden Kurven zu entnehmen, für praktisch recht brauchbar, er hat bei uns für Temperaturunterschiede zwischen 12 und 20° richtige Werte ergeben.

Wie schon erwähnt, findet man hiernach, um z. B. bei 25° Schlamm von 95% bis 80% Wassergehalt auszufaulen, eine Faulraumgröße zu 23 l je Einwohner gegenüber 34 l bei 15°. Die wirklichen Faulzeiten dürften etwa im selben Verhältnis stehen, d. h. sie werden für dies Beispiel bei 25° etwa ⅔ von 3 Monaten, d. h. 2 Monate, betragen (s. auch weiter unten). Die bei 25° zu erwartende Gasmenge beträgt aus diesem kleineren Faulraum für die »reduzierte Faulzeit« von 1,5 Monaten nach der Gaskurve Abb. 4, IV etwa 5 l/Kopf und Tag, d. h. bei 25° das Doppelte, also 2 · 5 = 10 l, während die Gasmenge zur Erreichung desselben technischen Effektes bei 15° C in 3 Monaten Faulzeit nur 8,1 l beträgt. Bei einer Faulraumtemperatur von 7,5° C, bei der die Gasmenge der Abb. 9 nur halb so groß als bei Normaltemperatur ist, wird dann für die reduzierte Faulzeit von 2 · 3 = 6 Monaten bei der schon ermittelten Faulraumgröße von 49 l der Gasanfall die Hälfte von 11,2, d. h. 5,6 l/Kopf/Tag.

Die bei demselben technischen Effekt der Ausfaulung auf 80% Wassergehalt anfallende Gasmenge nimmt also bei dieser Berechnungsart mit einer von 7,5 auf 25° steigenden Temperatur von 5,6 l bis 10 l zu, was den oben angeführten theoretischen Überlegungen ganz gut entsprechen dürfte.

Die von Blunk am Schluß seiner Arbeit gegebene Anweisung, auch zur Bestimmung der zu erwartenden Gasmenge bei von 15° abweichenden Temperaturen zunächst die für 15° geltende Faulzeit aus dem dem verschiedenen Gasanfall entsprechenden Zeitfaktor zu ermitteln und für diese »reduzierte Faulzeit« die Gasmenge unmittelbar aus der für 15° geltenden Gaskurve der Abb. 1 bzw. 4 zu entnehmen, würde andere Gasmengen ergeben, als wie er in seinen eigenen Messungen nach der Abb. 9 festgestellt hat. Diese Kurve gibt das Verhältnis der bei verschiedenen Temperaturen aus einem gleich großen Faulraum während derselben Faulzeit anfallenden Gasmengen zueinander an. Ist also für eine von 15° abweichende Temperatur aus Einwohnerzahl und aus der auf 15° »reduzierten Faulzeit« die Faulraumgröße bestimmt, so hat man den Gasanfall je Einwohner so zu errechnen, daß man zunächst feststellt, welche Gasmenge aus dieser Faulraumgröße bei 15° anfallen würde — und zwar gibt die Abb. 4, IV diesen Wert für die »reduzierte Faulzeit« an — und daß dann diese Zahl unmittelbar mit der der abweichenden Temperatur nach Abb. 9 entsprechenden Verhältniszahl multipliziert wird. Auch hier hat die »reduzierte Faulzeit« nur Bedeutung für die Berechnung. Wie lange sich der Schlamm im Faulraum bei dem errechneten Gasanfall wirklich aufhält, kann aus diesem Zeitwert nicht geschlossen werden. Nach der von Blunk vorgeschlagenen Berechnung der Gasmenge würde sich für denselben Grad der Ausfaulung — gemessen an dem Wassergehalt des Faulschlammes — bei allen Temperaturen dieselbe Gasmenge ergeben, was nach unseren theoretischen Überlegungen und auch nach unseren praktischen Beobachtungen nicht der Fall ist.

Will man den mit 95% H₂O eingebrachten Schlamm schon mit 85% Wassergehalt als genügend ausgefault abziehen, was in vielen Fällen, besonders im Winter, möglich sein wird, so genügt bei 15° C nach Abb. 5 eine Faulzeit von nur 1,5 Monaten mit einer Faulraumgröße von 23 l und einem täglichen Gasanfall von 5,15 l je Einwohner. Bei 25 bzw. 7,5° wird die »reduzierte Faulzeit« dann ¾ bzw. 3 Monate mit Faulraumgrößen von 15 bzw. 34 l je Einwohner und einem täglichen Gasanfall von 5,8 bzw. 4,2 l.

Die bei voller Ausfaulung des Schlammes je Kopf und Tag anfallende Gasmenge beträgt nach Abb. 4, IV etwa 11,8 l bei 15° Faulraumtemperatur und 8 Monaten Faulzeit. Dabei bleibt der Schlamm bis zum völligen Aufhören der Gasentwicklung im Faulraum. Der Begriff der »völligen Ausfaulung« ist jedoch nicht ganz eindeutig, denn wenn man von »voller Ausfaulung« im technischen Sinne spricht, so wird man aus wirtschaftlichen Gründen nicht dies völlige Aufhören der Gasentwicklung nach 8 Monaten abwarten können, sondern man wird den Schlamm bei 15° Temperatur schon nach etwa 5 Monaten als praktisch »ausgefault« abziehen, wobei er schon 10,5 l Gas von den in 8 Monaten möglichen 11,8 l entwickelt hat und wobei 44 l Faulraum nötig sind. Wo die Grenze der Gasentwicklung und damit das Maximum der möglichen Schlammzehrung im ruhenden Faulraum bei den von 15° abweichenden Temperaturen liegt, scheint nach dem Fehlen von Veröffentlichungen solcher Werte noch nicht einwandfrei festgestellt zu sein.

Einen Anhalt für diese Zahlen geben die weiter oben entwickelten theoretischen Überlegungen über den Einfluß der Faulgeschwindigkeit auf die Vergasung der im Schlamm enthaltenen, verschieden leicht zu zersetzenden Stoffe. Rechnet man die bei 15° mit 44 l Faulraum je Einwohner in 5 Monaten Faulzeit erreichbare Gasmenge von 10,5 l für dieselbe Faulzeit nach dem Verhältnis der Abb. 9 um, so würde man bei 25° C 2 · 10,5 = 21 l und bei 7,5° nur 0,5 · 10,5 = 5,25 l Gas je Tag und Einwohner gewinnen können. Die Zahl hat nur theoretische Bedeutung, da bei künstlicher Beheizung auf 25° C Faulraumgrößen von 44 l abgesehen von den hohen Anlagekosten schon wegen zu großer Auskühlung praktisch nicht in Frage kommen. Die zweite Gaszahl würde bedeuten, daß man bei solch niedrigen Temperaturen den Schlamm überhaupt nicht weiter als bis etwa 80% Wassergehalt aus-

faulen kann, was theoretisch durchaus erklärlich erscheint. Beziht man sich für die Berechnung der Faulraumgröße zur vollen Ausfaulung bei 25° auf die Hälfte der bei 15° C zu 5 Monaten angenommenen Faulzeit, d. h. auf 2½ Monate »reduzierter Faulzeit«, so gewinnt man bei Ausfaulung bis 77% H_2O in 30 l Faulraum $2 \cdot 7,5 = 15\,l$ Gas, was dem wirklichen Gasanfall bei 25° aus ruhendem Faulraum bei technisch gesprochen »voller Ausfaulung« wohl entsprechen dürfte.

In der Abb. 10 sind nun die Gasmengen, die während einer 8 Monate langen Faulzeit bei den von 9° bis 25° C

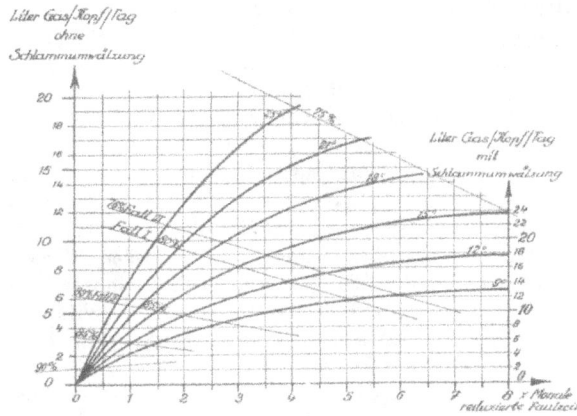

Abb. 10. Gasanfall je Tag und Einwohner für einen täglichen Frischschlammanfall mit 30 g organischer Trockensubstanz für verschiedene Temperaturen und die auf 15° reduzierten Faulzeiten für geschichteten „ruhenden" und für künstlich umgewälzten Faulrauminhalt.
 I. Gasmengen und reduzierte Faulzeiten für ruhenden Faulraum bei Ausfaulung bis 80% Wassergehalt,
 Ia. wie I bis 85% Wassergehalt,
 II. wie I. doch mit künstlicher Umwälzung und Ausfaulung bis 80% Wassergehalt,
 III. wie I mit künstlicher Umwälzung und nahezu voller Ausfaulung bis 76% H_2O.

schwankenden Faulraumtemperaturen je Einwohner und Tag anfallen, für die zugehörigen »reduzierten Faulzeiten« aufgetragen, sodaß sie hier unmittelbar abgegriffen werden können. Die die Gaskurven schneidende Linie I gibt in ihren Schnittpunkten mit den Gaskurven die »reduzierten Faulzeiten« an, die nach vorstehenden Berechnungen nötig sind, um im ruhenden Faulraum die Ausfaulung bei den

zugehörigen Temperaturen bis auf 80% Wassergehalt des Schlammes zu treiben. Die nach diesem Schnitt (Fall I) zueinander gehörigen Temperaturen und »reduzierten Faulzeiten« sind dann weiter in Abb. 11 übersichtlich zusammengestellt. Dieselbe Abbildung zeigt auch für diesen Fall I die zu jeder Temperatur zur Erreichung des beabsichtigten technischen Zweckes gehörige Faulraumgröße je Einwohner und in Zahlen daneben geschrieben die jeweils zu erwartende Gasmenge. Wie schon erwähnt, wird die Ausfaulung desselben Schlammes bis auf 85% Wassergehalt in jeweilig der halben Faulzeit erreicht. Die Linie II in Abb. 10 und die zugehörigen Kurven der Abb. 11 »reduzierte Faulzeit«, Faulraumgrößen und Gasmengen auch für diesen Grad der Ausfaulung (Fall Ia) für alle Temperaturen zwischen 9° und 25° unmittelbar an. Die Bedeutung der weiteren Kurven in diesen beiden Abbildungen wird weiter unten erläutert[1]).

---

[1]) *Nach Niederschrift dieser Arbeit erschien im »Gesundheits-Ingenieur« 50. Jahrg. Heft 53 vom 31. 12. 27 eine Veröffentlichung von Dr. Imhoff, »Die Städtische Abwasserreinigung Ende 1927«, in der als Fig. 1 eine Kurve angegeben ist, die den Gasanfall aus 1 kg organischer Trockensubstanz bei 2 Monaten Faulzeit und verschiedenen von 6° bis 37° C schwankenden Temperaturen angibt. Bei 15° gibt die Kurve 236 l an. Nach der den obigen Berechnungen zugrunde liegenden Blunk'schen Gaskurve in der Umarbeitung der Abb. 4 werden bei 2 Monaten Faulzeit aus 30 g organischer Trockensubstanz 6,3 l Gas entwickelt, d. h. aus 1 kg etwa 210 l. Die beiden Beobachtungen stimmen also ungefähr überein. Anders ist dies jedoch bei den Werten für 25° C Faulraumtemperatur. Während nach den Blunk'schen Messungen am großen Faulraum mit ruhendem Schlammrauminhalt aus derselben Faulraumgröße und derselben Beobachtungszeit von 2 Monaten bei 25° C doppelt soviel Gas als bei 15°, d. h. also etwa 420 l auf 1 kg organische Trockensubstanz zu erwarten sind, gibt die Imhoff'sche Kurve als Gasausbeute bei 25° das Dreifache, nämlich 693 l an, d. h. also, es findet eine Zehrung der organischen Schlammtrockensubstanz von fast 70% statt, entsprechend einem täglichen Gasanfall je Einwohner (30 g Organisches im täglichen Frischschlammanfall je Einwohner) von über 20 l. Dies ist nach unseren Beobachtungen im tiefen ruhenden Schlammfaulraum während der kurzen Faulzeit von 2 Monaten nicht möglich. Wohl gelingt es, im Literkolben des Laboratoriumsversuches, bei dem wegen der nur dünnen Schlammschicht die Störung der Fäulnis durch Anhäufung*

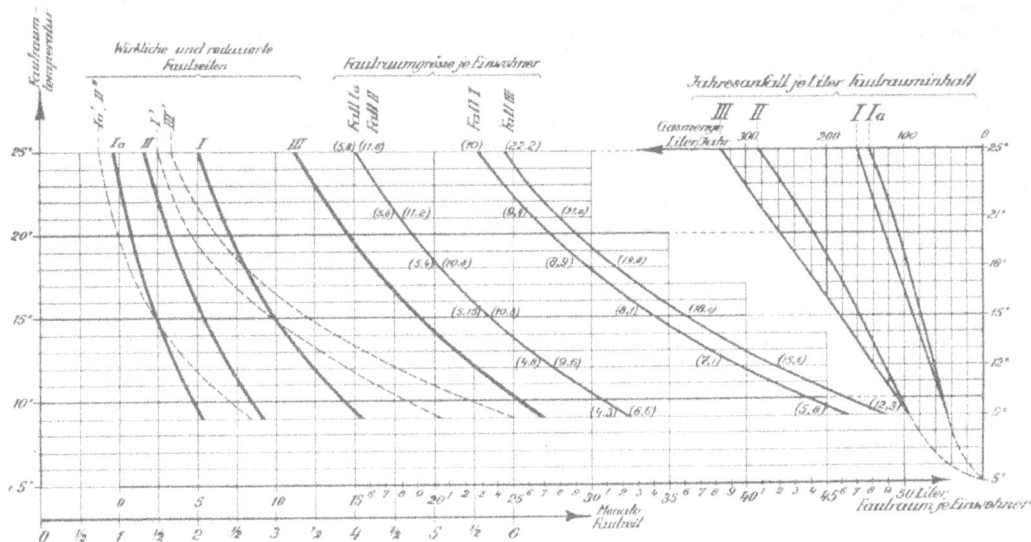

Abb. 11. Wirkliche und reduzierte Faulzeiten, Faulraumgrößen und täglicher Gasanfall je Einwohner bei einem täglichen Frischschlammanfall von 1 l mit 95% Wassergehalt für die Temperaturen von 9 bis 25° und die Betriebsfälle I, Ia, II und III der Abb. 10. Jahresgasanfall aus 1 l großem Faulraum.

3

6. Einfluß einer häufigen innigen Durchmischung verschieden alten Schlammes auf die Faulgeschwindigkeit.

Eine weitere Beschleunigung der Faulgeschwindigkeit, die sich von ähnlicher Tragweite wie z. B. die künstliche Erhöhung der Faulraumtemperatur von 15 auf 25° erwiesen hat, haben wir in mehreren Faulräumen der Emschergenossenschaft in Essen während der letzten 2 Jahre dadurch erreicht, daß der Inhalt der tiefen Faulräume auf besondere Weise täglich künstlich aufgewirbelt und mit dem frisch eingebrachten Schlamm innig durchmischt wird. Für den Betrieb selbständiger Schlammfaulräume war schon früher ein wesentlicher Fortschritt dadurch erzielt, daß man nach einem Vorschlag von Imhoff und Blunk von 1912 dem einzubringenden Frischschlamm vor oder bei dem Einpumpen einen möglichst gleich großen Teil alten Schlammes zumischt, damit der Frischschlamm durch dies Impfen mit den im alten Schlamm enthaltenen Bakterien gleich in die richtige Methangärung gerät und so die Bildung von Frischschlammnestern, die zunächst in saure Gärung verfallen würden, vermieden wird. Da auf diese Weise aber bei täg-

von Abbauprodukten im Schlammwasser keine große Rolle spielt, die Zehrung der organischen Substanz bis 70% zu treiben, im tiefen Schlammraum ist jedoch nach unseren Messungen eine so weitgehende Zehrung nur bei gleichzeitiger künstlicher Umwälzung des Faulrauminhaltes (siehe die folgenden Ausführungen) möglich. Die von Imhoff angegebene Gasmenge bei höheren Temperaturen dürfte im praktischen Klärbetrieb nicht erreicht werden, zum mindesten nicht in der angegebenen kurzen Faulzeit. Für die Rentabilitätsberechnung der künstlichen Beheizung und der künstlichen Schlammumwälzung habe ich entsprechend unseren Erfahrungen bei ruhendem Schlammrauminhalt mit einem täglichen Gasanfall je Einwohner bei 25° Faulraumtemperatur und rd. 2 Monaten wirklicher Faulzeit von nur 10 l gerechnet, was nach unseren Messungen mit der Praxis gut übereinstimmt.

Die Verdreifachung der Gasausbeute bei derselben Faulzeit und bei Steigerung der Temperatur von 15° auf 25° in der Imhoff'schen Kurve steht auch in einem gewissen Widerspruch zu Abb. 2, Ges.-Ing., 50. Jahrgang, Heft 53, S. 974, nach der die Faulzeit, die zur Erreichung desselben Effektes, z. B. der »technischen Ausfaulung«, nötig ist, bei 25° nur etwa halb so lang ist als bei 15° C. In beiden Fällen ist die bis zur Erreichung der »technischen Ausfaulung« entwickelte Gasmenge nach obigen Berechnungen mit 5,15 bzw. 5,8 l nur unwesentlich voneinander verschieden. Während also bei 25° in etwa der halben Faulzeit nahezu dieselbe Gasmenge wie bei 15° in der ganzen Faulzeit von knapp 2 Monaten entwickelt wird, müßte also bei Verlängerung der Faulzeit auf fast 2 Monate bei Richtigkeit der Imhoff'schen Kurve bei 25° zur Verdreifachung der Gasmenge in der zweiten Hälfte der Faulzeit doppelt soviel Gas entwickelt werden als in der ersten Hälfte, was nicht möglich ist. Im Gegenteil nimmt bei Verlängerung der Faulzeit die in der Zeiteinheit entwickelte Gasmenge ständig ab.

Die in dieser Abbildung von Imhoff zur Erreichung der »technischen Faulgrenze« angegebenen wirklichen Faulzeiten, soweit sie für einen Schlamm mit 95% Anfangswassergehalt für Ausfaulung bis etwa 83% Wassergehalt gelten sollen, decken sich für die meist vorhandene Jahresdurchschnittstemperatur von 15° gut mit den Beobachtungen der Emschergenossenschaft. Bei den stark abweichenden Temperaturen von 25° bzw. 9° jedoch, für die man bisher mehr auf Schätzungen angewiesen ist, unterscheiden sich jedoch die Imhoff'schen Angaben wesentlich von dem Ergebnis unserer Berechnungen (s. obige Abb. 10 und 11). Da bei demselben Effekt der Zersetzung die Faulgrößen bei verschiedenen Temperaturen sich etwa wie die wirklichen Faulzeiten verhalten müssen, glaubt Imhoff daher bei 25° mit halb so großen Räumen wie bei 15° auskommen zu können, was nach unseren bisherigen Erfahrungen nicht möglich ist, wir rechnen, wie

licher Einleitung des Frischschlammes nur etwa der 30. bis 50. Teil eines Faulrauminhaltes abgezogen und mit dem Frischschlamm vermischt wieder eingeleitet wird, kann trotz dieser Schlammbewegung nicht verhindert werden, daß sich der Schlamminhalt im unteren Teil des tiefen Faulraumes — auch trotz des Aufsteigens der entwickelten Gasblasen — ähnlich wie bei den Emscherbrunnenfaulräumen[1] fest zusammenlagert. Wie durch dies Zusammensacken des älteren Faulschlammes die Zersetzungsarbeit der Bakterien gehemmt wird, habe ich in früheren Veröffentlichungen ausführlich geschildert[2]. Dadurch, daß der ganze Inhalt tiefer Faulräume nun täglich an der Sohle des Faulbehälters entnommen und an der Oberfläche in den freien Schlammraum zurückgeleitet wird — z. B. durch ein senkrechtes Schlammrohr, in das unterhalb des Schlammspiegels ein schnell laufendes Schaufelrad einer Kreiselpumpe eingebaut ist (Kreiselschaufler) — wird der Schlammrauminhalt gründlich durcheinander gewirbelt. Alle Bakterien und Schlammteilchen werden weitgehend von den sie einhüllenden und schädigenden Faulgasblasen befreit, aus den gröberen Schlammteilen werden beim schnellen Wiederabsinken durch das die oberen Schichten einnehmende Schlammwasser die verflüssigten Zersetzungsprodukte ausgelaugt und auf das ganze Faulraumwasser zur weiteren Vergasung verteilt. Bei der Empfindlichkeit der gasbildenden Bakterien gegen die in ihren Stoffwechselprodukten vorhandenen Toxine ist die so erreichte und bei ruhendem Faulraum nicht in dem Umfang mögliche Befreiung der Bakterien von ihren gasförmigen und flüssigen Ausscheidungen für die gleichmäßige Arbeitsleistung der Bakterien besonders in den unteren Schlammschichten von großem Erfolg. Durch die ständige innige Durchmischung des älteren Faulschlammes mit dem jüngeren Schlamm

auch meiner obigen Untersuchung zugrunde gelegt, nur mit einer Verkleinerung des Faulraumes auf ⅔. Man erkennt aus diesen verschiedenen Auffassungen, daß eine Klärung dieser Fragen durch weitere Messungen auch unter anderen Verhältnissen nötig und wirtschaftlich bedeutungsvoll ist.

In seiner letzten Veröffentlichung im »Technischen Gemeindeblatt« vom 5. 2. 28 gibt Imhoff für eine große Reihe von Städten der Praxis entnommene wirkliche Faulzeiten bei verschiedenen Temperaturen von 9 bis 17° an, und zwar für einen »reifen zweistöckigen Faulraum«, die eine Verringerung der Faulzeit von 3 Monaten auf 1½, d. h. die Hälfte, bei einem Ansteigen der Temperatur von 12° auf 17° beweisen sollen. M. E. ist dieser Schluß nicht beweiskräftig, da sich die angegebenen Faulzeiten nicht auf denselben Grad der Ausfaulung erstrecken, sondern dieser kann nach der Angabe von Imhoff zwischen 80 und 85% Wassergehalt im reifen Schlamm als »technische Faulgrenze« schwanken. Wie schon erwähnt, bedingt nach unseren Messungen schon bei derselben Temperatur eine Verringerung des Wassergehaltes im »reifen Schlamm« von 85 auf 80% eine Verdoppelung der Faulzeit. Wenn bei den von Imhoff für verschiedene Temperaturen angegebenen Faulzeiten noch der verschiedene Grad der Ausfaulung genau berücksichtigt wird, so wird sich das Verhältnis der Faulzeiten noch ändern und wahrscheinlich nahe an die von uns gefundenen Werte heranrücken.

[1] Blunk, »Beitrag zur Erforschung der Vorgänge in zweistöckigen Kläranlagen im Emschergebiet«, Ges.-Ing. 1926, Heft 26.
[2] Prüß, »Beschleunigung der Zersetzung in Schlammfaulräumen«, Techn. Gem.-Bl. 30. Jahrg., Nr. 5/6, Juni 1927. — Prüß, »Die abwassertechnischen Maßnahmen der Emschergenossenschaft«, Beiheft zu Nr. 5 der Kleinen Mitteilungen der Preußischen Landesanstalt für Wasser-, Boden- und Lufthygiene, Berlin 1927. — Prüß, »Eine neue Frischwasserkläranlage für getrennte Schlammfaulung mit künstlicher Schlammumwälzung und künstlicher Beheizung«, Ges.-Ing. 1928, Heft 7.

findet dabei auch eine gegenseitige Ausgleichung der verschiedenen ph-Werte — die beim jungen Schlamm wesentlich unter und beim alten Schlamm erheblich über dem Neutralpunkt zu liegen pflegt — statt, was nach den Versuchen von Rudolfs[1]) für die Arbeitsleistung der Bakterien von Bedeutung ist. Wie unsere Betriebsergebnisse der letzten 2 Jahre bei den verschiedensten Temperaturen klar erkennen lassen, wird die Gasausbeute aus den mit Kreiselschauflern betriebenen Faulbehältern gegenüber ruhenden Faulbehältern bisheriger Art bei sonst völlig gleichen Verhältnissen etwa verdoppelt, was zugleich einer weitergehenden Zehrung der Schlammtrockensubstanz entspricht. Für diesen Erfolg scheint mir noch eine andere Überlegung von Bedeutung zu sein. In dem schon angezogenen Bericht über die Faulversuche von Bach und Sierp von 1924[2]) wird geschildert, wie in einem Emscherbrunnen-Faulraum, aus dem trotz Auswaschens der Toxine und trotz günstigster Temperaturverhältnisse im Laboratorium keine Gasentwicklung mehr zu erreichen war, der also als völlig »ausgefault« zu gelten hatte, nach Einbringen von rohem Fleisch oder von gekochtem Hühnereiweiß oder einer Traubenzuckerlösung die Gärung wieder lebhaft einsetzte. Die Prüfung der entwickelten Gasmenge und der Schlammzehrung brachte dann das überraschende Ergebnis, daß selbst unter der nicht in vollem Umfang zutreffenden Annahme, daß die neu in den Schlamm eingebrachten Stoffe restlos vergast seien, die ursprünglich vorhandene »ausgefaulte« Schlammtrockensubstanz um 5 bis 12% verringert war. Unter dem Einfluß der zugesetzten besonders leicht zersetzlichen Stoffe waren also Bestandteile des alten Schlammes, die vorher von den Bakterien nicht angegriffen wurden, weiter vergast. Da ja nun in jedem Frischschlamm auch leicht zersetzliche Stoffe enthalten sind, an deren Abbau die Bakterien, wie weiter oben geschildert, in den ersten Wochen der Faulung besonders lebhaft herangehen, so muß die häufige und innige Durchmischung von altem Faulschlamm mit frischem bzw. jüngerem Schlamm ganz ähnlich wirken, wie die Zumischung von Traubenzucker usw. zum ausgefaulten Schlamm in dem beschriebenen Versuch. Die leicht zersetzlichen Stoffe im Frischschlamm wirken als Energiequelle für die im Schlamm befindlichen Bakterien, die hierdurch zu lebhafter Tätigkeit angeregten Bakterien greifen dann Stoffe im zugemischten alten Schlamm an, die sie ohne diese Anregung nicht befallen würden.

Die wiederholte und innige Zumischung von jüngerem leicht zersetzlichen Schlamm zu älterem Schlamm hat weiterhin nicht nur die Wirkung, daß bereits »ausgefaulte« Teile im älteren Schlamm bei der lebhafteren Zersetzung im zugemischten jüngeren Schlamm wieder von den Bakterien angegriffen und weiter vergast werden, sondern sie beschleunigt auch die Ausfaulung der wenn auch noch zersetzlichen, so doch nur langsam zersetzlichen Stoffe wesentlich.

Daß ganz allgemein die Anwesenheit leicht zersetzlicher Stoffe auch die gleichzeitige Ausfaulung schwerer zersetzlicher Stoffe beschleunigt, scheint mir besonders aus den Laboratoriumsversuchen geschlossen werden zu können, die Sierp 1925 mit der Ausfaulung von Belebtschlamm angestellt hat[3]). Die der Veröffentlichung von Sierp entnommene Abb. 12 zeigt den Verlauf der Gasentwicklung von drei verschiedenen Schlammischungen während einer Faulzeit von 70 Tagen.

Zu 300 g im Emscherbrunnen gut ausgefaultem Faulschlamm wurden 300 g Frischschlamm bzw. 300 g Belebtschlamm bzw. je 150 g von beiden gemischt hinzugegeben und im Literkolben bei 17° Temperatur der Zersetzung überlassen. Der Verlauf der Gasentwicklung auf je 1 Teil eingebrachter Trockensubstanz — nach Abzug des auf den Faulschlamm kommenden Gasanteils — ist in den Kurven aufgetragen. Sierp zieht zwar nur die Gasmenge für den Faulschlamm ab, die er aus einem weiteren Literkolben gewonnen hat, der nur 300 g desselben Faulschlammes, von dem den anderen Proben zugemischt wurde, enthielt. Das ist nach obigen Ausführungen zu wenig, da ja in den anderen Proben die Zumischung von frischem Schlamm zu dem Faulschlamm zu einer weitergehenden Zersetzung des Faulschlammes geführt haben muß, als wie dies im Vergleichskolben mit dem Faulschlamm allein möglich war. Aber auch bei Berücksichtigung dieses Gesichtspunktes dürfte das Verhältnis der einzelnen Gasmengen zueinander in den Kurven der Abb. 12 im Prinzip dasselbe bleiben. Es ist nun im Zusammenhang der hier besprochenen Fragen von Bedeu-

Abb. 12. Faulversuche von Dr. Sierp mit frischem Abwasserschlamm und Belebtschlamm und Mischung von beiden.

tung, daß die Zumischung von Belebtschlamm zum Frischschlamm die Faulgeschwindigkeit gegenüber der Probe des Frischschlammes allein und auch des Belebtschlammes allein besonders im ersten Monat ganz wesentlich vergrößert hat, während die Gasmengen am Ende des 2. Monats wieder nahe beieinander liegen. Dies kann man vielleicht wieder so erklären, daß durch Zumischung des wegen seiner aufgeschwemmten Struktur und seiner gleichmäßigen Beschaffenheit schneller zersetzlichen Belebtschlammes zum Frischschlamm (im Verhältnis der organischen Trockensubstanz wie 1 : 2) die Faulvorgänge im ganzen Schlammgemisch, ähnlich wie wir dies durch Temperatursteigerungen erreichen können, so stark angeregt wurden, daß die Bakterien auch die schwerer zersetzlichen Stoffe im eingebrachten Frischschlamm früher und lebhafter zersetzen als dies sonst ohne diese Anregung der Fall ist.

Die Nutzanwendung dieser Beobachtungen auf das hier zu behandelnde Problem der Steigerung der Faulgeschwindigkeit in den Faulbehältern bisher üblicher Art ergibt folgende Richtlinien. Es ist nicht zweckmäßig, wie es bisher empfohlen wird, den in einen Faulbehälter einzubringenden Frischschlamm nur einmal mit soviel altem Faulschlamm innig zu mischen, als gerade nötig ist, damit er nicht in saure Gärung verfällt — im allgemeinen wird in der Literatur das Verhältnis 1 : 1 gefordert, in Birmingham ist gar nur 1 Teil Faulschlamm zu 3 Teilen Frischschlamm üblich — und dann dies Gemisch an meist nur einer Stelle eines Faulbehälters einzuleiten. Hierdurch erreicht man nämlich, daß die lebhafte Faulung der leicht zersetzlichen Schlammbestandteile gewissermaßen wie ein Strohfeuer ohne Wirkung auf den älteren Schlamm verpufft. Richtiger ist es, anstatt den Frischschlamm nur einmal mit etwas Faulschlamm zu impfen, eine möglichst große Menge älteren Faulschlammes aus dem Faulraum möglichst oft mit dem einzubringenden Frischschlamm

---

[1]) Siehe Fuller, Solving Sewage Problems, New York 1926, S. 259.

[2]) Bach u. Sierp a. a. O.

[3]) Sierp, »Die Beseitigung des überschüssigen belebten Schlammes bei der Abwasserreinigung«, Verlag Wasser, Berlin-Dahlem 1925.

zu impfen und auf diese Weise die lahmen Faulvorgänge im älteren Schlamm möglichst bei jeder Frischschlammeinleitung immer erneut anzuspornen. Die aufzuwendende Pumparbeit zur innigen Durchmischung der großen Schlammmengen lohnt sich stets.

Eine solche intensive Durchmischung des ganzen Faulrauminhaltes mit dem jeweils eingebrachten jungen Schlamm erreicht man am zweckmäßigsten mit der geschilderten Umwälzvorrichtung. Alle diese Faktoren wirken nun zusammen, um die überraschend große Wirkung der künstlichen intensiven Durchmischung des Faulrauminhaltes zustande zu bringen. Dies gilt für zweistöckige Kläranlagen, wie Emscherbrunnen, genau so wie für die bisher üblichen getrennten Faulbehälter, denn auch bei den Emscherbrunnen wird der durch die Schlitze eindringende Frischschlamm immer nur mit den obersten Schichten jungen Faulschlammes durchmischt, während die untersten Schichten des alten Schlammes durch die darüber lagernden Schlammschichten vom Frischschlamm völlig abgetrennt sind.

Die Wirkung der Schlammumwälzung ergibt sich z. B. für die Emscherbecken in Essen-Frohnhausen, bei der die Schlammumwälzung mit Schraubenschauflern seit über einem Jahre durchgeführt wird[1]), aus folgenden Zahlen: Auf 25 000 an die neue Anlage angeschlossene Einwohner kommen 900 m³ Schlammfaulraum, d. h. 36 l auf jeden Einwohner. Es fällt aus dem rein häuslichen Abwasser täglich rd. 1 l Frischschlamm mit 95% Wassergehalt und im Durchschnitt 65% organischen und 35% mineralischen Stoffen in der Schlammtrockensubstanz an. Ohne künstliche Schlammumwälzung würde das im Sommer bei etwa 15⁰ Faulraumtemperatur, d. h. der Normaltemperatur unserer obigen Berechnungsgrundlagen nach Abb. 6 einer normalen Faulzeit von rd. 3½ Monaten entsprechen, bei der nach der Abb. 4 mit einem täglichen Gasanfall je Einwohner von 9 l gerechnet werden könnte. Auf jeden Einwohner kommen in Frohnhausen täglich 0,65 · 50 = 32,5 g organische Trockensubstanz, von der täglich 9 g vergast würden. Unter Berücksichtigung der in Lösung übergegangenen Stoffe würde also die Zehrung der organischen Substanz gerade das bei reichlich dreimonatiger Faulzeit übliche Maß von etwa ⅓ erreicht haben, der abgelassene Faulschlamm würde in seiner Trockensubstanz dann noch 55% organische und 45% nicht angegriffene mineralische Stoffe enthalten. Durch den Einbau und den täglich zweistündigen Betrieb von zwei Schraubenschauflern mit je 3,6 kW Antriebsmotor ist nun erreicht worden, daß bei 15⁰ Schlammraumtemperatur täglich 18 l Faulgas auf den Einwohner aufgefangen wurden und daß der mit 75% Wassergehalt abgelassene Faulschlamm in seiner Trockensubstanz nur noch 36% organische und 64% mineralische Stoffe enthält. Während im Frischschlamm auf 1 Teil mineralische Stoffe $\frac{65}{35} = 1,85$ Teile organische Stoffe kommen, ist dies Verhältnis im ausgefaulten Schlamm $\frac{36}{64} = 0,56$. Unter der zulässigen Annahme, daß die mineralische Substanz in voller Menge erhalten geblieben ist, hat sich daher die organische Substanz im Verhältnis 1,85 : 0,56 verringert, d. h. $\frac{100 \cdot 0,56}{1,85} = 30\%$, die Schlammzehrung hat daher fast 70%, d. h. reichlich ⅔ der eingebrachten organischen Substanz von 32,5 g je Einwohner betragen. Dies deckt sich unter Berücksichtigung der Lösungsverluste mit ausreichender Genauigkeit mit dem gemessenen täglichen Gasanfall von 18 l je Einwohner.

Welche Wirkung hat nun dieser Erfolg der künstlichen Schlammumwälzung auf die Größenbemessung der Faulräume? Von Bedeutung ist für die Beurteilung dieser Fragen die Überlegung, daß der Faulraum der neuen Anlage Frohnhausen mit 36 l je Kopf der angeschlossenen Bevölkerung groß genug ist, um auch ohne künstliche

Schlammumwälzung bei 12,5 bis 15⁰ Abwassertemperatur in der rechnerischen Faulzeit von reichlich 3 Monaten alle das Wasserbindevermögen des Schlammes bedingenden und leichter zersetzlichen Schlammstoffe abzubauen und dabei unter einem Gasanfall von 9 l Kopf/Tag den Wassergehalt des Schlammes von 95% auf 80% herunterzubringen. Durch die Schlammumwälzung wurde nun, wie bereits angegeben, die bei der Zersetzung anfallende Gasmenge von 9 auf 18 l/Kopf/Tag genau verdoppelt, und zwar kann diese Vergrößerung der Gasmenge nur durch weitergehenden Abbau vorzugsweise der schwer zersetzlichen Schlammstoffe erreicht worden sein. Wird als Hauptziel der Faulung nur die Verminderung des Wassergehaltes auf 80% angestrebt, so kann die beschleunigende Wirkung der Schraubenschaufler durch Verkürzung der Faulzeit noch mehr auf die schnellere Zersetzung der an sich schon leicht vergasbaren Schlammkolloide gerichtet werden. Dabei wird dann voraussichtlich die durch die Schlammumwälzung erreichte Steigerung der Gasausbeute in der Zeiteinheit noch größer sein als in Frohnhausen. Wenn man weiterhin die Betriebsergebnisse in einem 1500 m³ großen Faulraum auf der Kläranlage Essen-Nord, dessen Inhalt seit über 2 Jahren durch 4 Schraubenschaufler[1]) umgewälzt wird, zum Vergleich heranzieht, so kann als Richtlinie für die Größenbemessung der Faulräume vorerst mit ausreichender Sicherheit angegeben werden, daß man die nach den oben mitgeteilten Blunk'schen Kurven unter Berücksichtigung der Schlammraumtemperatur als erforderlich errechneten »reduzierten Faulzeiten« bei Durchführung der künstlichen Schlammumwälzung weiterhin auf die Hälfte einschränken darf und daß die zu erwartende Gasmenge das doppelte Maß der aus dem kleineren Faulraum ohne Umwälzung zu gewinnenden Menge betragen wird. Die künstliche Schlammumwälzung bewirkt also hinsichtlich Einschränkung der Faulraumgröße und Steigerung der Gasausbeute dasselbe wie z. B. eine künstliche Erhöhung der Faulraumtemperatur von 15 auf 25⁰ C, nämlich eine Verringerung der erforderlichen Faulraumgröße um ⅓ und Verdoppelung der Gasmenge. Dabei sind die aufzuwendenden Mehrkosten für den Bau und Betrieb der Anlagen zum Schlammumwälzen wesentlich geringer als die durch die künstliche Erhöhung der Schlammraumtemperatur entstehenden Unkosten.

7. Gleichzeitige Durchführung der künstlichen Beheizung und der künstlichen Durchmischung des Faulrauminhaltes.

Wenn nun ein beispielsweise bei 15⁰ C mit künstlicher Schlammumwälzung arbeitender Faulraum gleichzeitig noch künstlich auf 25⁰ beheizt wird, so addieren sich nicht nur die beiden für die Einzelmaßnahmen nachgewiesenen Vorteile, sondern sie steigern ihre Einzelwirkungen noch gegenseitig. Die »reduzierte Faulzeit« geht auf ¼ der bei den bisherigen Verhältnissen erforderlichen Normalzeit herunter, das bedeutet eine Verkleinerung der Faulräume — will man den Schlamm gerade bis 80% Wassergehalt abbauen — auf weniger als die Hälfte der bisher nötigen Größe, nämlich auf 15 l/Kopf/Tag. Die dabei zu erwartende Gasmenge beträgt 11,6 l je Kopf und Tag.

Bei Normaltemperatur nämlich würde die Faulraumgröße von 15 l einer Normalfaulzeit (s. Abb. 6) von ¾ Monat entsprechen mit einer Gasentwicklung von 2,9 l (s. Abb. 4, IV), die aber wegen der Temperatursteigerung auf 25⁰ nach Abb. 9 zu verdoppeln ist auf 5,8 l. Durch die Schlammumwälzung wird diese Menge dann noch einmal auf 11,6 l verdoppelt. Will man unter künstlicher Beheizung nahezu die größtmögliche Gasausbeute, nämlich 20 l je Kopf und Tag gewinnen, so ist eine Faulraumgröße nötig, die ohne Umwälzung bei 25⁰ C 10 l und bei 15⁰ 5 l Gas erzeugt. Dies wird in einer Faulzeit erreicht, die bei der Normaltemperatur von 15⁰ C nach Abb. 1

[1]) Prüß, «Eine neue Frischwasserkläranlage für getrennte Schlammfaulung mit künstlicher Schlammumwälzung und künstlicher Beheizung», Ges. Ing. 1928 Heft 7.

[1]) Prüß, »Beschleunigung der Zersetzung in Schlammfaulräumen«, Techn. Gem.-Bl. Nr. 5/6 vom Juni 1927.

etwa 1½ Monat beträgt. Die nach Abb. 6 zu dieser Faulzeit gehörige Faulraumgröße ist 23 l je Kopf. Die auf die Normalverhältnisse (15° C im ruhenden Faulraum) umgerechnete wirkliche Faulzeit beträgt das 4fache von 1½ Monaten, d. h. 6 Monate, daraus ergibt die Kurve I in Abb. 6 für einen Frischschlamm von 95% einen Wassergehalt im ausgefaulten Schlamm von etwa 76%.

Die durch die Schlammumwälzung ermöglichte Verkleinerung der Faulräume bedeutet eine Verkleinerung der Wärmeverluste und damit eine Verbilligung der künstlichen Beheizung. Andererseits werden auch die Anlage- und Betriebskosten der Einrichtung zur Schlammumwälzung bei Reduzierung des Faulraumes durch künstliche Beheizung entsprechend verbilligt.

Wie sich der Einfluß der künstlichen Schlammumwälzung auf »reduzierte Faulzeit«, Faulraumgröße und zu erwartende Gasmenge bei anderen als den eben untersuchten Temperaturen auswirkt, ist übersichtlich aus den vorstehend noch nicht besprochenen Kurven der Abb. 10 u. 11 zu ersehen. Von der Linie II der Abb. 10 wurde schon gesagt, daß sie die Faulzeiten bei den verschiedenen Temperaturen für Faulung des Schlammes im ruhenden Faulraum bis 85% Wassergehalt angeben und daß diese Faulzeiten durchweg die Hälfte der durch die Linie I für ruhenden Faul-

8. Die wirklichen Faulzeiten bei von 15° abweichenden Schlammraumtemperaturen für ruhenden geschichteten und für künstlich durchmischten Faulrauminhalt.

Es ist in den bisherigen Ausführungen mehrfach auf den Unterschied der »reduzierten Faulzeit« zur »wirklichen Faulzeit« hingewiesen worden. Während die zuerst genannte eine rein theoretische Hilfszahl für die Berechnung der Faulraumgröße aus den für 15° C Faulraumtemperatur aufgestellten Kurven für andere Temperaturen darstellt, hat die wirkliche Faulzeit eine mehr praktische Bedeutung für den Betrieb der Kläranlagen. Es ist daher von Wichtigkeit, auch diesen Wert einigermaßen zuverlässig berechnen zu können. Wir kennen für jeden Grad der Schlammausfaulung aus den auch anderweitig bestätigten Messungen von Blunk die wirkliche Faulzeit zuverlässig für die Faulraumtemperatur von 15°. Für alle anderen Temperaturen können wir auf dem Umwege über die »reduzierte Faulzeit« mit genügender Genauigkeit die zur Erreichung eines gewünschten Ausfaulungsgrades je Einwohner erforderliche Faulraumgröße errechnen und kennen auch damit das Verhältnis dieser Faulraumgröße zu dem für Erreichung desselben Ausfaulgrades bei 15° erforderlichen Faulraum. In demselben Verhältnis müssen nun

Tabelle 1.

Faulraum-Temperatur	Fall I Faulung ohne Umwälzung bis 80% H₂O			Fall Ia Faulung ohne Umwälzung bis 85% H₂O			Fall II Faulung mit Umwälzung bis 80% H₂O			Fall III volle Ausfaulung mit Umwälzung		
	Faulraumgröße	Gasanf. je Einwohner	Gasanf. je l Faulraum	Faulraumgröße	Gasanf. je Einwohner	Gasanf. je l Faulraum	Faulraumgröße	Gasanf. je Einwohner	Gasanf. je l Faulraum	Faulraumgröße	Gasanf. je Einwohner	Gasanf. je l Faulraum
°C	l/Kopf	l/Tag	m³/Jahr	l/Kopf	l/Tag	m³/Jahr	l/Kopf	l/Tag	m³/Jahr	l/Kopf	l/Tag	m³/Jahr
1	2	3	4	5	6	7	8	9	10	11	12	13
25°	23,0	10,0	0,159	15,0	5,8	0,141	15,0	11,6	0,282	24,5	22,2	0,331
21°	26,3	9,4	0,130	18,0	5,6	0,113	18,0	11,2	0,227	28,2	21,0	0,272
18°	30,0	8,9	0,108	20,5	5,4	0,096	20,5	10,8	0,192	31,5	19,8	0,229
15°	34,0	8,1	0,087	23,6	5,15	0,079	23,6	10,3	0,159	36,0	18,0	0,183
12°	39,4	7,1	0,066	27,5	4,8	0,063	27,5	9,6	0,127	41,5	15,6	0,137
9°	46,0	5,8	0,046	32,5	4,3	0,048	32,5	8,6	0,097	48,5	12,3	0,093

raum und Ausfaulung bis 80% Wassergehalt betragen. Da nun nach den Ausführungen dieses Abschnittes die künstliche Umwälzung des Schlammes die erforderliche »reduzierte Faulzeit« weiterhin auf die Hälfte vermindert, gibt die Linie II der Abb. 10 gleichzeitig die Faulzeiten für Faulung bis 80% Wassergehalt mit künstlicher Schlammumwälzung an, ebenso wie die Kurven für »reduzierte Faulzeit« und Faulraumgröße für Fall II in der Abb. 11. Bei der Kurve der Faulraumgröße gelten für diesen Fall die rechts davon angeschriebenen Gasmengen je Kopf und Tag.

Die Linie III auf Abb. 10 gilt für »volle Ausfaulung« mit künstlicher Schlammumwälzung, ihr entsprechen auf der Abb. 11 die Kurven für Fall III. Der tägliche Gasanfall steigt dabei von 12,3 l bei 9° auf 22,2 l bei 25° C.

Die in den 4 Zahlenreihen neben den Kurven der Faulraumgröße in Abb. 11 angegebenen Gasmengen je Kopf und Tag fallen bei verschiedenen auf der Abszisse angegebenen Faulraumgrößen an. Um einen anschaulichen Vergleich über die wirtschaftliche Bedeutung dieser Gaszahlen zu geben, habe ich den Gasanfall in der obigen Tabelle 1 auf je 1 l Faulraum umgerechnet und für die 4 untersuchten Fälle das Ergebnis als Kurven am rechten Rand der Abb. 11 aufgetragen.

Da die Bau- und Betriebskosten für alle 4 Fälle nahezu dieselben sind, geben diese 4 Kurven in besonders eindringlicher Weise die wirtschaftliche Bedeutung der künstlichen Schlammumwälzung wie auch der künstlichen Faulraumbeheizung an.

auch die zu diesen beiden Faulräumen gehörigen wirklichen Faulzeiten, deren eine für 15° ja bekannt ist, stehen. Dies gilt mit Sicherheit für die Faulräume mit künstlicher Schlammumwälzung, in denen ja Schlammbestandteile verschiedenen Wassergehaltes nicht mehr unterschieden werden können, sondern das Gemisch aller Schlammbestandteile des verschiedensten Alters in einem solchen Faulraum zeigt nach Zusammensacken vor dem Schlammablassen als Durchschnittswassergehalt den Wert, für den der Faulraum bemessen ist. Bei demselben durchschnittlichen Wassergehalt in den beiden zum Vergleich gestellten Faulräumen müssen sich daher die in den Behältern befindlichen Mengen an Schlammtrockensubstanz wie die Faulraumgrößen zueinander verhalten. Die Menge an Schlammtrockensubstanz je Einwohner gibt uns aber nach dem Ausgangspunkt unserer ganzen Berechnungsweise einen eindeutigen Maßstab für die Faulzeit des ältesten Schlammes im Faulbehälter an. Dies gilt jedenfalls, solange das Maß der Zehrung der Trockensubstanz bei demselben Endwassergehalt des Schlammes bei den verschiedenen Temperaturen ungefähr dasselbe bleibt, was trotz des etwas verschiedenen Gasanfalles je Einwohner mit genügender Genauigkeit angenommen werden darf. Aus der ganzen Vorstellung heraus, die man sich nach den bisherigen Erkenntnissen über den Ablauf der Schlammvergasung machen kann und die nochmals zu entwickeln hier zu weit führen würde, darf weiterhin angenommen werden, daß auch im ruhenden Schlammraum die wirklichen Faulzeiten bei verschiedenen Temperaturen und demselben technischen Effekt der Faulung sich wie die Faulraumgröße je Einwohner zueinander verhalten.

9. Zusammenstellung von wirklicher Faulzeit, Faulraumgröße und Gasanfall für Frischschlamm von 95% Wassergehalt bei den Temperaturen von 6 bis 25° für ruhenden geschichteten und für künstlich durchmischten Faulrauminhalt.

Mit diesen Gedankengängen habe ich nun für einen Frischschlamm von 95% Wassergehalt in den Abb. 13 u. 14 für die 6 Temperaturen von 9°, 12°, 15°, 18°, 21° und 25° die zu jedem Ausfaulgrad gehörigen wirklichen Faulzeiten errechnet und für diese wirklichen Faulzeiten Endwassergehalt, Faulraumgröße und täglichen Gasanfall je Einwohner in Kurven aufgetragen, und zwar in Abb. 13 für ruhenden Faulraum und in Abb. 14 für den Faulraum mit künstlicher Schlammumwälzung. Diese beiden Abbildungen, die das

fangswassergehalt zu benutzen, insbesondere für Schlamm von der Rechenreinigung, von chemischer Klärung, aus Tropfkörpern und Belebtschlammkläranlagen oder auch von stärkeren gewerblichen Zuflüssen?

Der bisher angegebene Berechnungsgang bezieht sich auf die Feststellung der Faulraumgröße und des Gasanfalles für den Frischschlamm einer mechanischen Reinigungsanlage, und zwar für einen täglichen Frischschlammanfall je Einwohner von 50 g Trockensubstanz mit 30 bis 35 g organischen und 15 bis 20 g mineralischen Stoffen.

Sollte der Schlamm, bevor er zur Kläranlage kommt, schon in Hausgruben oder in Senkungsmulden des Kanal-

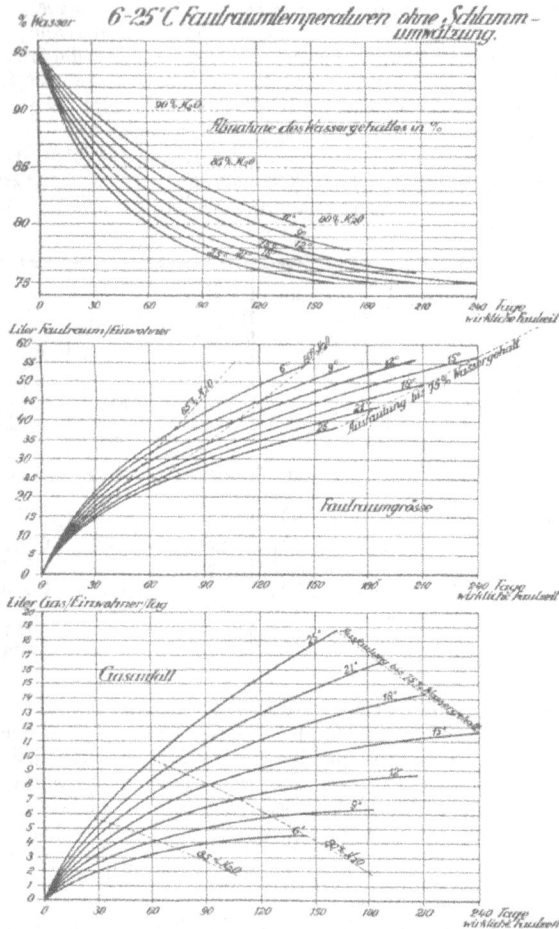

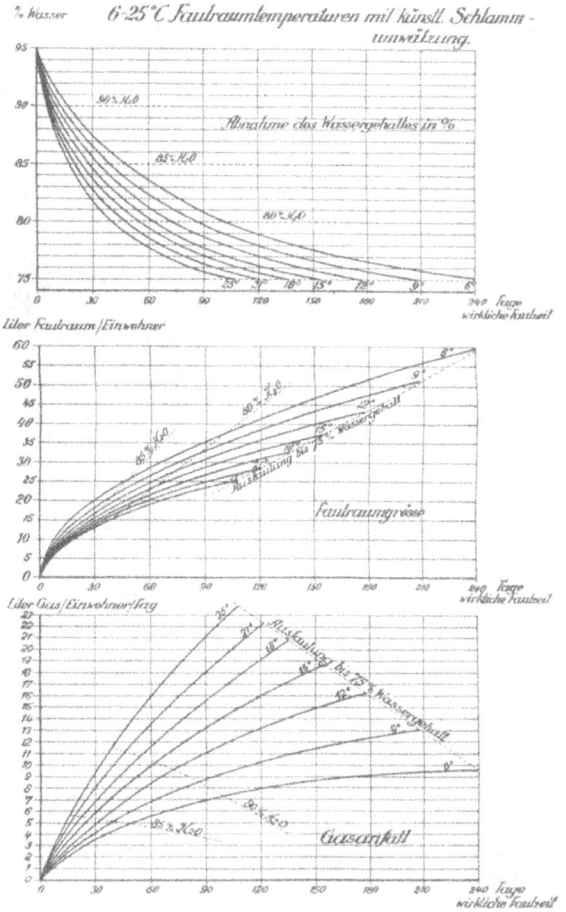

Abb. 13. Wirkliche Faulzeiten mit den zugehörigen Kurven des Wassergehalts im Faulschlamm, der Faulraumgröße und des täglichen Gasanfalles je Einwohner mit einem täglichen Frischschlammanfall von 1 l mit 95% Wassergehalt für die Temperaturen von 6 bis 25° C im ruhenden geschichteten Faulraum.

Abb. 14. Wirkliche Faulzeiten mit den zugehörigen Kurven des Wassergehaltes im Faulschlamm, der Faulraumgröße und des täglichen Gasanfalles je Einwohner mit einem täglichen Frischschlammanfall von 1 l mit 95% Wassergehalt für die Temperaturen von 6 bis 25° C mit künstlicher Umwälzung des Faulraumgehaltes.

Ergebnis des vorstehenden ersten Teiles dieser Arbeit gewissermaßen zusammenfassen, geben nun die Möglichkeit, ohne jede Zwischenrechnung für jede Schlammraumtemperatur und jeden Grad der Schlammausfaulung die erforderliche Faulzeit, die Faulraumgröße und den Gasanfall je Einwohner und Tag unmittelbar abzugreifen, und zwar mit und ohne künstliche Schlammumwälzung. In allen 6 Kurvenbündeln der beiden Abbildungen sind die zusammengehörigen Werte für eine Ausfaulung bis 85, 80 und 75% Wassergehalt durch gestrichelte Linien verbunden.

10. Wie sind die für normalen Frischschlamm von 95% Wassergehalt errechneten Kurven und Tabellen bei Frischschlamm anderer Herkunft und anderer Zusammensetzung mit anderem An-

netzes teilweise ausgefault sein, so braucht man nur nach dem Wassergehalt des ankommenden Schlammes den schon vorhandenen Grad der Ausfaulung festzustellen und die zur Erreichung dieses Ausfaulgrades nach vorstehenden Kurven erforderliche Faulraumgröße von der ebenfalls aus den Kurven zu entnehmenden Gesamtfaulraumgröße abzuziehen, die nötig ist, um einen völlig frischen Schlamm bis zu dem gewünschten Grad von beispielsweise 80% Wassergehalt auszufaulen. Die Differenz gibt die für die Nachfaulung auf der Kläranlage erforderliche Faulraumgröße. Ähnlich kann die auf der Kläranlage noch zu erwartende Gasmenge ermittelt werden.

Ist die auf den Einwohner täglich kommende Frischschlammenge der Trockensubstanz nach kleiner oder größer bei im übrigen gleicher Zusammensetzung, so ändern sich die in den Kurven angegebenen Werte proportional zur veränderten Trockenschlammenge. Ist bei gleicher Zusammensetzung der Trockensubstanz der Wassergehalt des Frischschlammes ein anderer, so kann man zur Erreichung desselben technischen Effektes (z. B. der Fäulnisunfähigkeit) praktisch genau genug mit denselben Faulzeiten wie bei Frischschlamm mit 95% Wassergehalt rechnen. Man kann daher aus der Abb. 11 zunächst die alle sonstigen Umstände berücksichtigende Faulraumgröße für Frischschlamm von 95% Wassergehalt · abgreifen und entnimmt dann aus Abb. 7 aus der für diese Faulraumgröße gültigen normalen Faulzeit unmittelbar die für anderen Wassergehalt des Frischschlammes angegebene Faulraumgröße. Ist auch die Zusammensetzung des Trockenschlammes eine andere, so errechnet man zunächst ausgehend von der das Wasserbindevermögen des Schlammes ja in der Hauptsache bedingenden, aus der Analyse bekannten organischen Trockenmenge im Schlamm Faulraumgröße und Gasanfall nach obigen Kurven für einen Schlamm normaler Zusammensetzung mit 30 bis 40% mineralischem Anteil in der Trockensubstanz. Zu der so errechneten Faulraumgröße ist dann noch ein Zuschlag bzw. ein Abzug zu machen, der direkt proportional ist 1. der täglichen Abweichung der mineralischen Trockenschlammenge von der im ersten Rechnungsgang hiervon schon berücksichtigten Menge, 2. der geschätzten wirklichen Faulzeit in Tagen und 3. dem Wassergehalt des mineralischen Schlammanteiles, der von seinem mehr oder weniger großen Übergewicht im ausgefaulten Schlamm und auch von seiner chemischen Beschaffenheit abhängig ist und der bei einiger Übung einigermaßen zuverlässig zwischen 65 und 85% geschätzt werden kann. Bei diesem Vorgehen wird man jedenfalls nie einen großen Fehlgriff in der Bemessung der Faulraumgröße machen können. Die Gasmenge ergibt sich aus den bekannten Werten der organischen Schlammtrockensubstanz und der Faulzeit zuverlässig aus den obigen Kurven. Auf diese Weise kann der Einfluß besonders starker gewerblicher Abwasserzuflüsse wie auch der chemischer Fällungsmittel vorher berechnet werden. Es ist einleuchtend, daß gerade bei großem Gehalt des Schlammes an schweren Mineralstoffen, die zu einer dichten Zusammenlagerung des faulenden Schlammes führen, die häufige Auflockerung des Schlammes durch künstliche Schlammumwälzung eine wertvolle Hilfe sein kann. Es wird auf diese Weise gelingen, einen stark mineralischen Schlamm noch zur Ausfaulung und damit zur Reduzierung seines Wassergehaltes zu bringen, der ohne diese künstliche Hilfe als nicht fäulnisfähig zu bezeichnen wäre und mit seinem großen Wassergehalt unter Aufwand größerer Kosten transportiert und abgelagert werden müßte.

Dieser Berechnungsgang gilt auch für die bei den biologischen Reinigungsverfahren anfallenden Schlammarten, die am besten mit dem Schlamm der Vorreinigung gemischt und dann gemeinsam mit diesem ausgefault werden. Wegen der Ausfaulung von Belebtschlamm verweise ich auf die schon genannte Arbeit von Sierp[1]. Daß bei Anwendung der künstlichen Faulraumbeheizung der Belebtschlamm zweckmäßig in 2 Temperaturstufen behandelt wird, soll weiter unten entwickelt werden.

Auch der bei den gröbsten Reinigungsverfahren — den Absiebanlagen — anfallende Frischschlamm wird entgegen der meist üblichen Zwischenlagerung in unbehandeltem Zustand bis zur gelegentlichen Abgabe an die Landwirtschaft zweckmäßiger und auch billiger ausgefault und in aufgetrocknetem Zustand bis zum Abtransport im Herbst und Frühjahr aufgespeichert. Bei besten Absiebanlagen, und zwar sowohl bei Trocken- als auch bei Spülsieben kann man die zurückgehaltene Frischschlammenge bis etwa $^2/_5$ der gut wirkender Absitzanlagen steigern, d. h. es fallen im Durchschnitt 0,4 l auf 95% aufgeschwemmten Frischschlammes je Kopf und Tag an mit 0,4 · 50 = 20 g Schlammtrockensubstanz. Trockenes Rechengut wird zweckmäßig

vor Einbringen in den Faulraum durch Zumischen von Abwasser oder auch von warmem Faulraumwasser auf 94 bis 95% Wassergehalt aufgeschwemmt und gehörig durcheinander gewirbelt, damit die groben Kotballen möglichst weitgehend zerrieben werden. Bei künstlicher Beheizung und künstlicher Schlammumwälzung braucht man dann zur Ausfaulung bis auf 80% Wassergehalt je Einwohner 0,4 · 15 = 6 l Faulraum und kann dann mit einem täglichen Gasanfall je Einwohner von 0,4 · 11,6 = 4,6 l rechnen. Zur nahezu vollen Ausfaulung braucht man 0,4 · 23 = 9,2 l Faulraum und gewinnt 0,4 · 20 = 8 l Gas je Kopf und Tag. Auf die wirtschaftliche Bedeutung dieser Zahlen komme ich später noch zurück.

11. Welche Faulraumtemperatur ist der Berechnung von Faulraumgröße und Gasanfall zugrunde zu legen?

Bevor wir nun diese Ausführungen über die Größenbemessung von Faulräumen beschließen, sind noch einige Angaben über die der Berechnung zugrunde zu legenden Temperaturen zu machen. Wie mehrfach betont, ist die Grundlage jeder Faulraumberechnung die den Schlamm kennzeichnende Kurve der Abnahme seines Wasserbindevermögens (Abb. 7) und die Gaskurve der Abb. 1 bzw. 4. Beide aus Beobachtungen im Emschergebiet entstandenen Kurven dürften wohl allgemeine Gültigkeit für städtischen Abwasserschlamm ohne überwiegend gewerbliche Beimengungen haben, und zwar ohne Rücksicht auf Klimaschwankungen. Diese drücken sich ganz allein in der verschiedenen Temperatur des Abwassers sowohl im Jahresmittel als in den Jahreszeiten aus. Man schaltet diesen Klimaeinfluß auf die Schlammzersetzung aus, wenn man die künstliche Beheizung des Schlammes auf 25° oder auch weniger durchführt. Weil die anfallende Frischschlammenge im Verlauf eines Jahres nur wenig schwankt, hat man in solch künstlich beheizten Faulräumen einen stets gleichmäßigen Gasanfall. Was dies für eine Verwertung der Faulgase bedeutet, braucht nicht weiter ausgeführt zu werden. Ein weiterer Vorteil einer solchen Betriebsweise liegt darin, daß die gewählte Faulraumgröße das ganze Jahr hindurch gleichmäßig und voll ausgenutzt wird, man kommt hierbei daher mit den sich rechnerisch ergebenden kleinsten Faulräumen aus.

Ganz anders liegen die Verhältnisse bei den nicht künstlich beheizten Faulräumen. Für diese kommt in der für technische Zwecke ausreichend zuverlässigen eindeutigen Aufbau des bisher geschilderten Rechnungsganges die Ungewißheit über die im Schlammraum voraussichtlich herrschende Temperatur. Am übersichtlichsten sind hier die Verhältnisse noch bei den zweistöckigen Kläranlagen und von den Kläranlagen mit getrennten Schlammfaulräumen bei den den zweistöckigen Kläranlagen hinsichtlich der Temperaturverhältnisse gleichwertigen neuen Becken der Kläranlage Essen-Frohnhausen[1].) Bei diesen Konstruktionen ist die im Faulraum zu erwartende Temperatur im allgemeinen etwa 1° unter der jeweiligen Abwassertemperatur. Der Temperaturverlauf des Abwassers im Laufe eines Jahres kann stets durch Messung vor Errichtung der Kläranlage festgestellt werden. Sinkt die während einiger Wochen anhaltende Temperatur des Abwassers, wie in unserm Klima üblich, im Winter nicht mehr als etwa 3 bis 4° C unter die gemessene Jahresmitteltemperatur des Abwassers, so genügt es, wenn man der Berechnung der nutzbaren Faulraumgröße diese Jahresmitteltemperatur abzüglich des Temperaturgefälles zum Faulraum von etwa 1° C zugrunde legt. Während der wärmeren Monate ist ein so berechneter Faulraum dann reichlich groß, da der Schlamm schon in kürzerer Zeit, als der Berechnung zugrunde gelegt, genügend ausgefault ist und früher wieder abgezogen werden kann. Man hat daher bei Eintritt der kälteren

[1]) Sierp, »Die Beseitigung des überschüssigen Belebtschlammes bei der Abwasserreinigung«, Verlag Wasser, Berlin 1925.

[1]) Prüß, »Eine neue Frischwasserkläranlage für getrennte Schlammfaulung mit künstlicher Schlammumwälzung und künstlicher Beheizung«, Ges.-Ing. 1928, Heft 7.

Monate den Faulraum nicht ganz gefüllt, sodaß Platz geschaffen ist, um für den im Winter eingebrachten Schlamm eine etwas längere Faulzeit zu ermöglichen. Dadurch, daß man in der ersten Hälfte des Winters, solange der Schlamm noch ausreichend gut zersetzt ist, möglichst viel Schlamm abzieht und daß man, wenn gegen Ende des Winters der Faulrauminhalt schlechter verarbeitet sein wird, das weitere Schlammablassen dann möglichst weit in das wärmere Frühjahr hinein verschiebt, wird man mit den auf mittlere Jahrestemperatur berechneten Schlammfaulräumen auskommen können. Dies wird umso leichter möglich sein, wenn man, wie dies bei den Kläranlagen der Emschergenossenschaft in den letzten Jahren mit gutem Erfolg allgemein durchgeführt worden ist, die **Zwischentrocknung des Schlammes auf besonderen Schlammtrockenplätzen aufgibt**, sodaß man bei Regenperioden nicht mehr darauf warten braucht, daß der Schlamm auf den Trockenbeeten erst stichfest werden muß, bevor man den Trockenplatz für die Aufnahme weiteren Faulschlammes abräumen kann. Durch Aufwerfen niedriger Erddämme haben wir die endgültigen Lagerplätze für den Schlamm in einzelne Felder eingeteilt, in die der aus den Faulräumen mit 80 bis 90% Wassergehalt abgezogene Faulschlamm unmittelbar gepumpt wird und in denen er schichtweise ebenso weitgehend auftrocknet wie auf den vorbereiteten Trockenbeeten. Bei dieser Art der Schlammtrocknung schadet es auch nicht, wenn man den Schlamm im Winter anstatt bis 80% nur bis 85% Wassergehalt ausfault. Die hierdurch bedingte Vergrößerung der zu trocknenden Faulschlammenge auf das $\frac{6,0}{3,8} = 1,58$fache (s. Abb. 5 Kurve III) kann dann nicht zu der sonst unvermeidlichen Überlastung der Schlammtrockenplätze führen. Geruchsbelästigungen durch das schlechtere Ausfaulen sind gerade im Winter nicht zu befürchten. Wenn man also den Faulraum für die Jahresmitteltemperatur auf eine Ausfaulung bis 80% Wassergehalt berechnet und sich darauf einrichtet, daß man im Winter auch Faulschlamm mit noch 85% Wassergehalt ohne Schwierigkeiten unterbringen kann, so können selbst in kalten Wintern keine Schwierigkeiten durch Geruchsbelästigung entstehen, da ja die zur Ausfaulung bis 85% H_2O erforderliche Faulzeit nur halb so groß ist als wie für Ausfaulung bis 80%. Die z. B. für 15° und 80% H_2O des reifen Schlammes richtig bemessenen Faulräume würden daher den Schlamm noch bei 7,5° Faulraumtemperatur bis 85% Wassergehalt ausfaulen können. Sind die klimatischen Verhältnisse so, daß die Abwassertemperatur während vieler Monate noch weiter unter der Jahresmitteltemperatur liegt, so muß der Berechnung der Faulraumgröße, um Betriebsschwierigkeiten zu vermeiden, naturgemäß diese tiefere Temperatur zugrunde gelegt werden. Im ungünstigsten Fall, wenn unter 6° C die Fäulnisvorgänge ganz aufhören, muß der Faulraum so groß sein, daß er den täglichen Frischschlammanfall über die kalte Zeit mit vollem Wassergehalt aufnehmen und aufspeichern kann. Man hat diese Vergrößerung der Schlammfaulräume für die Wintermonate zuweilen auch durch die Schaffung behelfsmäßiger Winterfaulteiche zu erreichen versucht. In solchen Fällen sollte man m. E. schon aus wirtschaftlichen Gründen stets zur künstlichen Beheizung der normalen Faulräume übergehen.

Dies dürfte stets wirtschaftlich sein bei selbständigen Schlammfaulräumen bisheriger Bauart, die keinerlei wirksame Beheizung durch das wärmere Abwasser erfahren und deren einzige Wärmezufuhr durch den eingeleiteten Frischschlamm erfolgt, von der Selbsterwärmung des Schlammes durch die biologischen Zersetzungsvorgänge abgesehen. Wie die Auskühlung dieser Behälter mit fallender Außentemperatur erfolgt, werde ich weiter unten für verschiedene Arten der Wärmeisolierung dieser Behälter rechnerisch untersuchen.

Vorher aber sind noch einige Ausführungen über die Zusammensetzung und die Brenneigenschaften der Faulgase einzuschalten.

12. Zusammensetzung, Heizwert und Bedarf an Verbrennungsluft der Faulgase.

Wie bekannt, sind die beiden Hauptkomponenten der Faulgase Methan CH_4 und Kohlensäure CO_2. Daneben treten nur noch geringe Mengen Stickstoff N_2 und Wasserstoff H_2 auf. Nach unseren bisherigen Beobachtungen ist der Anteil der nicht brennbaren Kohlensäure in dem aus getrennten Faulbehältern stammenden Faulgas in der Regel höher als im Faulgas, das aus zweistöckigen Kläranlagen (also in der Hauptsache Emscherbrunnengas) stammt. Der Methangehalt im zuerst genannten Gas kann auf 60 bis 65% heruntergehen, während er bei gut arbeitenden Emscherbrunnen im Mittel etwa 80% beträgt. Ob der Grund für den geringeren CO_2-Gehalt im Emscherbrunnengas allein in der Auswaschung der Kohlensäure durch das oft gegen Faulraumwasser ausgetauschte Wasser aus dem Absitzraum zu sehen ist oder ob im Emscherbrunnen auch mehr Methan anstatt Kohlensäure erzeugt wird, ist heute noch nicht zuverlässig bekannt. Nach den Beobachtungen von Rudolfs soll auch der *ph*-Wert im Schlamm von Einfluß auf die Gaszusammensetzung sein. Es wird eine Frage der Wirtschaftlichkeit sein, ob sich bei getrennter Schlammfaulung die künstliche Beeinflussung des *ph*-Wertes durch Kalkzusatz durch eine Mehrausbeute an CH_4 unter Reduzierung der entwickelten CO_2-Menge bezahlt macht. Diese Frage wird bei uns zurzeit untersucht, ebenso wie die Frage, ob die Gaszusammensetzung durch die Höhe der Faulraumtemperatur beeinflußt wird. Ein großer CO_2-Gehalt im Faulgas stellt nicht nur einen unnötigen Ballast bei der Verwertung des Faulgases dar, sondern die Kohlensäure greift auch Eisen lebhaft an, so daß sich beim Transport von unvermischtem Faulgas durch lange und teuere Leitungen die Auswaschung der Kohlensäure unter Druck empfiehlt. Die Sammelleitungen auf der Kläranlage müssen reichliche Querschnitte und starke Wandungen haben, da mit Verkrustungen durch CO_2-Angriff im Innern zu rechnen ist. Wird die Kohlensäure nicht ausgewaschen oder auf andere Weise aus dem Gas herausgeholt, so schwankt der Heizwert und der Bedarf an Verbrennungsluft für das rohe Faulgas je nach dem CO_2-Gehalt in weiten Grenzen. Ich werde im folgenden diese Größen für die beiden praktisch in Frage kommenden Grenzfälle von 60% CH_4 und 80% CH_4 errechnen. Die für diese Berechnung nötigen Grundwerte gehen aus der folgenden Tabelle 2 hervor, die nach dem Kalender für das Gas- und Wasserfach[1]) zusammengestellt sind. In dieser Zusammenstellung ist für den Vergleich des Faulgases mit Steinkohlengas von besonderem Interesse, daß Methan einen reichlich dreimal so großen Heizwert — auf die Raumeinheit gerechnet — wie Wasserstoff hat, und daß sein Luftbedarf zur Verbrennung viermal

Tabelle 2.

Heizwert, Gewicht, Bedarf an Verbrennungsluft von Gasen, bezogen auf 0° und 760 mm Druck.

Brennstoff	Formel	1 m³ Gas wiegt in kg	Heizwert für 1 m³ Gas		Zur Verbrennung von 1 m³ Gas erforderlich		Spez. Gewicht
			unterer	oberer	Sauerstoff m³	Luft m³	Luft = 1
Kohlenoxyd	CO	1,2493	3 034	3 034	0,5	2,39	0,966
Kohlensäure	CO_2	1,9632	—	—			1,519
Wasserstoff	H_2	0,0899	2 570	3 052	0,5	2,39	0,069
Methan . . .	CH_4	0,7153	8 562	9 527	2,0	9,54	0,553
Äthylen . .	C_2H_4	1,2507	13 939	14 903	3,0	14,31	0,967
Benzoldampf	C_6H_6	3,4824	32 978	34 423	7,5	35,78	2,694
Stickstoff. .	N_2	1,2502	—	—		—	0,967
Wassergas	$CO+H_2$	0,53	2 573	2 800	0,5	2,39	0,409
Luft	21% O —79% N	1,2928	—	—		—	1,000

[1]) Kalender für das Gas- und Wasserfach, München u. Berlin 1925, Verlag R. Oldenbourg.

so groß ist als für Wasserstoff. In der folgenden Tabelle 3 ist das spez. Gewicht, der Heizwert und der Luftbedarf für Faulgas mit nur 60% CH_4, wie es als untere Grenze für Gas aus getrennten Schlammfaulräumen in Frage kommt, ermittelt. Hierbei ist nach unseren Erfahrungen angenommen, daß sich im Rohgas außer den 60% CH_4 noch 34% CH_2, 3% Stickstoff und 3% Wasserstoff befinden.

Tabelle 3.
Spez. Gewicht, Heizwert und Luftbedarf für Faulgas aus getrennten Schlammfaulräumen mit 60% Methan.

Zusammensetzung des Faulgases in Vol.-%	Gewichtsanteil am Gewicht von 1 m³ Faulgases in kg	Anteil am Heizwert des Faulgases		Bedarf in Vol.-% des Faulgases an	
		unterer	oberer	Sauerstoff	Luft
		Heizwert			
60% CH_4	0,4292	5 137	5 716	120	572
34% CO_2	0,6675	—	—	—	-
3% N_2	0,0375	—	—	—	—
3% H_2	0,0027	77	92	1,5	7
100% Faulgas	1,1369	5 214	5 808	121,5	579

1 Liter Faulgas wiegt 1,137 g

Zur Verbrennung von 1 Teil Faulgas sind 5,79 Teile Luft nötig

Heizwert 5 214 WE bzw. 5808 WE/m³ Gas

Spez. Gewicht des Faulgases auf Luft $= 1 : \dfrac{1,1369}{1,2928} = 0,88$.

Die nächste Tabelle 4 gibt dieselben Werte für Emscherbrunnenfaulgas mit 80% Methan, 16% Kohlensäure, 4% Stickstoff und 0% Wasserstoff.

Tabelle 4.
Spez. Gewicht, Heizwert und Luftbedarf für Emscherbrunnenfaulgas mit 80% Methan.

Zusammensetzung des Faulgases in Vol.-%	Gewichtsanteil am Gewicht von 1 m³ Faulgases in kg	Anteil am Heizwert des Faulgases		Bedarf in Vol.-% des Faulgases an	
		unterer	oberer	Sauerstoff	Luft
		Heizwert			
80% CH_4	0,5722	6 850	7 682	160	763
16% CO_2	0,3141	—	—	—	—
4% N_2	0,0500	—	—	—	—
0% H_2	—	—	—	—	—
100% Faulgas	0,9363	6 850	7 622	160	763

1 Liter Faulgas wiegt 0,936 g

Zur Verbrennung von 1 m³ Faulgas sind 7,63 m³ Luft nötig

Spez. Gewicht von Luft 1,2928, von Faulgas auf Luft
$= 1 : \dfrac{0,9363}{1,2928} = 0,724$.

Für andere Zusammensetzungen des Faulgases lassen sich die Werte mit den in Tabelle 2 gegebenen Unterlagen leicht errechnen. Zum Vergleich sind dieselben Angaben für gereinigtes Steinkohlengas in Tabelle 5 ermittelt, wiederum nach dem Kalender für das Gas- und Wasserfach.

Tabelle 5.
Heizwert und Luftbedarf für reines Steinkohlengas (zusammengestellt nach Gaskalender 1925).

Vol.-% Zusammensetzung des Leuchtgases	Gewichtsanteil am Gewicht von 1 m³ Leuchtgas in kg	Anteil am Heizwert des Leuchtgases nach WE		Sauerstoffbedarf in Vol.-% des Leuchtgases
		unterer	oberer	
47 H_2	0,042	1 208	1 434	23,5
34 CH_4	0,243	2 911	3 239	68,0
9 CO	0,112	273	273	4,5
4 C_2H_4	0,0500	558	596	12,0
1 C_6H_6	0,035	330	344	7,5
2 CO_2	0,039	—	—	—
3 N_2	0,037	—	—	—
100% Leuchtgas	0,558	5 280	5 886	115,5 Vol. O_2

115,5 Vol. O_2 entsprechen $115,5 \cdot \dfrac{79}{21} = 434,5$ Vol. N_2, entsprechend $434,5 + 115,5 = 550$ Vol. Luft.

1 Teil Leuchtgas verbraucht demnach 5,5 Teile Luft

1 Teil Leuchtgas wiegt 0,558 g

Spez. Gewicht des Leuchtgases auf Luft $\dfrac{0,558}{1,2928} = 0,43$

Das Ergebnis der Tabellen 2 bis 5 ist dann in der folgenden Tabelle 6 übersichtlich zusammengestellt.

Tabelle 6.
Zusammenstellung der verschiedenen Gase.

Brenngas	Gewicht von		Heizwert in WE für 1 m³ Gas		Bedarf an Verbrennungsluft in m³ für 1 m³ Brenngas
	1 m³ Gas in kg	Spez. Gewicht für Luft	unterer	oberer	
Reines Steinkohlengas . . .	0,558	0,432	5 280	5 886	5,5
Emscherbrunnenfaulgas mit 80% CH_4 . . .	0,9363	0,724	6 850	7 622	7,63
Faulgas aus getrennten Faulräumen mit 60% CH_4 . . .	1,1369	0,88	5 214	5 808	5,79
Wassergas . . .	0,53	0,409	2 573	2 800	2,38

Beim Vergleich der Werte ist zu beachten, daß von den meisten Städten nach dem Kriege wohl kein reines Steinkohlengas mehr geliefert wird, sondern daß es mit Wassergas oder anderem Mischgas bis zu einem Heizwert von etwa 4200 bis 4500 WE verschnitten wird. Der Heizwert der Faulgase liegt also stets über dem des üblichen Leuchtgases. Das Gewicht von 1 l Faulgas beträgt je nach dem CO_2-Gehalt 0,94 bis 1,14 g, also im Durchschnitt wie oben angenommen, etwa 1 g. Von besonderer Wichtigkeit ist der Bedarf an Verbrennungsluft, die bei reinem Steinkohlengas 5,5 Teile auf 1 Teil Gas beträgt und beim Faulgas je nach dem CO_2-Gehalt von 5,79 bis 7,63 steigt. Man ersieht hieraus, daß der größere CO_2-Gehalt des Gases aus getrennten Faulräumen das Gas für die Vermischung mit Steinkohlengas hinsichtlich der Ansprüche für die Düsen der Brenner geeigneter macht.

Der Verkaufswert des rohen Faulgases richtet sich neben seinem Heizwert natürlich ganz nach der Möglichkeit seiner Verwertung. Kann das Gas ohne besonders lange Leitungen in einen Gasometer des städtischen Leuchtgasnetzes eingeleitet werden, so ist ein Verkaufspreis frei Gasometer unter Berücksichtigung des größeren Heizwertes von 6 bis 8 bis 10 Pf. je m³ angemessen, je nach dem sich aus der Transportlage der betreffenden Stadt ergebenden Kohlenpreis. Ist von der Kläranlage zum Gasometer eine längere Gasleitung zu verlegen, so drücken die Kosten dieser Leitung natürlich auf den zu erzielenden Gasverkaufspreis, was besonders bei bestehenden Kläranlagen wohl oft der

Fall sein wird. Eine Reinigung oder sonstige Vorbehandlung des rohen Faulgases ist im allgemeinen nicht nötig. Die Tagesabgabe an Leuchtgas je Einwohner schwankt nach dem Kalender für das Gas- und Wasserfach für deutsche Städte mit 50000 bis 100000 Einwohnern bei einer Jahresabgabe von rd. 100 m³ je Einwohner in den Grenzen von 150 bis 400 Litern. Hierin können je nach der Art der Schlammausfaulung bei Einleitung der Faulgase ins städtische Gasnetz 8 bis 20 l Faulgas enthalten sein, entsprechend einer Jahresmenge an Faulgas von 3 bis 7 m³ je Einwohner. Die Vermischung mit dem normalen Leuchtgas, soweit das Faulgas in den Hauptgasometer eingeleitet wird, dürfte ausreichend groß genug sein, um unzulässige Schwankungen im Mischgas zu verhindern. Ist die Einleitung der Faulgase ins städtische Gasnetz wegen der örtlichen Verhältnisse nicht möglich, so sind andere Wege der Gasverwertung in der Krafterzeugung durch Verbrennungsmotoren oder durch Verwendung zur künstlichen Beheizung der Faulräume ge-

geben. Auf die letztere Möglichkeit komme ich noch weiter unten zurück. Man kann annehmen, daß bei der Gasheizung für die Faulräume der Wirkungsgrad des verhältnismäßig einfachen Heizsystems rd. 60% beträgt, daß also von dem niedrigsten Wärmeinhalt des Faulgases von rd. 5000 WE/m³ rd. 3000 WE ausgenutzt werden.

Für die Krafterzeugung aus Faulgasen kann für erste Überschläge mit einem praktischen Gasbedarf von rd. 0,5 m³ für 1 PSh gerechnet werden (Wärmebedarf nach Hütte II, 25. Aufl., S. 551 2500 bis 2200 WE/PSh). Von den 2500 WE, die zur Erzeugung von 1 PSh im Gas verbraucht werden, sind etwa 800 WE im Kühlwasser enthalten und können zur künstlichen Beheizung der Schlammfaulräume zum Teil nochmals ausgenutzt werden. Nahezu dieselbe Wärmemenge steht für denselben Zweck weiterhin in der Wärme der Auspuffgase zur Verfügung. Auf die Bedeutung dieser Zahlen komme ich weiter unten nochmals zurück.

C. Die wirtschaftliche Leistungsfähigkeit eines Faulraumes.

13. Größe und Leistungsfähigkeit des zu untersuchenden Faulraumes, besonders hinsichtlich des Gasanfalles bei künstlicher Beheizung auf 25° C.

Nachdem nunmehr alle abwassertechnischen Grundlagen für eine Untersuchung der Wirtschaftlichkeit der künstlichen Faulraumbeheizung und der künstlichen Schlammumwälzung unter Verwertung der Faulgase zusammengetragen sind, soll diese im folgenden für ein praktisches Beispiel durchgeführt werden, und zwar für einen kreisrunden Eisenbetonbehälter von 500 m³ nutzbarem Inhalt, wie er nach der Abb. 15 in größerer Anzahl auf den Kläranlagen der Emschergenossenschaft in Betrieb ist[1]). Ich werde zunächst

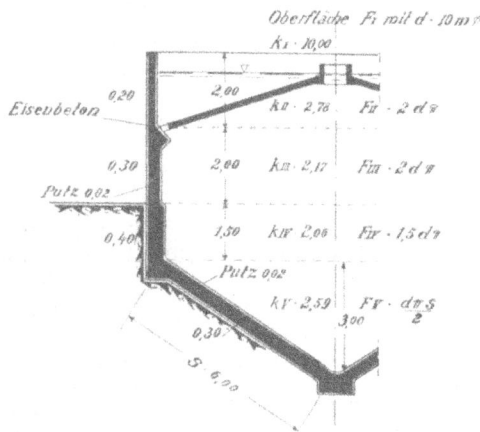

Abb. 15. Abmessungen eines 500 m³ fassenden freistehenden und ungeschützten Faulbehälters mit Gasfangtrichter unterhalb des Schlammspiegels mit Wärmedurchgangszahlen k für die Umfassungswände.

die bisher übliche freistehende Ausführung dieses Behälters mit einem Gasfangtrichter unterhalb der Schlammraumoberfläche untersuchen und dann Vorschläge für seine zweckmäßigere Ausgestaltung machen und diese rechnerisch begründen. Wenn man schon die Einrichtungen zur künstlichen Beheizung einbaut, so wird man die Schlammraumtemperatur zweckmäßig auf dem Optimum der Zersetzung, d. h. auf etwa 25° C halten. Für diese Temperatur ist zunächst die Leistungsfähigkeit der angenommenen Faulraumgröße festzustellen, und zwar sowohl für ruhenden Faulrauminhalt als auch mit künstlicher Schlammumwälzung. Es soll wie in den früheren Beispielen wieder mit dem Normalfall eines täglichen Frischschlammanfalles von 1 l je Kopf der angeschlossenen Bevölkerung und mit einem Wassergehalt des Frischschlammes von 95% gerechnet

[1]) Prüß, »Eine neue Frischwasserkläranlage für getrennte Schlammfaulung mit künstlicher Schlammumwälzung und künstlicher Beheizung«, Ges.-Ing. 1928, Heft 7.

werden. Weiterhin soll die für eine ausreichend gute Schlammzersetzung erforderliche kürzeste Faulzeit angenommen werden, bei der der Wassergehalt des abzulassenden Faulschlammes auf etwa 80% heruntergegangen ist. Für die Betriebsweise mit künstlicher Schlammumwälzung soll außerdem noch mit der längeren Faulzeit gerechnet werden, bei der der praktisch größte tägliche Gasanfall je Einwohner von 20 l zu erwarten ist. Die wirklichen Faulzeiten für diese 3 Betriebsarten sind aus den Abb. 13 u. 14 zu entnehmen. Die Ermittelung aller wissenswerten Größen ist nach der oben ausführlich entwickelten Berechnungsart, insbesondere nach Abb. 11 zuverlässig möglich, ich gebe in der folgenden Tabelle 7 unter Fortlassung aller Zwischenerrechnung nur die Schlußzahlen an.

Tabelle 7.

Zeile	Leistungsfähigkeit des Faulraumes	Maßeinheit	Faulraum ohne künstliche Schlammumwälzung, Ausfaulung bis 80% H₂O — Fall I	Faulraum mit künstlicher Schlammumwälzung Ausfaulung bis 80% H₂O — Fall II	Volle Ausfaulung — Fall III
1	2	3	4	5	6
1	„Reduzierte Faulzeit" bei 25° Faulraumtemperatur	Monat	1½	¾	1½
1a	Wirkliche Faulzeit	„	2	1⅓	2⅔
2	Faulraumgröße je Einwohner bei einem täglichen Frischschlammanfall von 1 l/Kopf mit 95% H₂O	Ltr.	23	15	23
3	Einwohnerzahl, für die der 500 m³ Faulraum ausreicht	—	21 739	33 333	21 739
4	Einwohner auf 1 m³ Faulrauminhalt	—	43,5	66,6	43,5
5	Gasanfall je Kopf und Tag	Ltr.	10	11,6	20,0
6	Gasanfall je Kopf und Jahr	m³	3,65	4,23	7,3
7	Täglicher Gasanfall aus dem 500 m³-Behälter	„	217,39	386,66	434,78
8	Täglicher Gasanfall aus 1 m³ Faulrauminhalt	„	0,435	0,773	0,870

Der tägliche Gasanfall aus 1 m³ Faulraum beträgt nach dieser Tabelle für ruhenden Schlammraum 0,435 m³ und bei künstlicher Schlammumwälzung 0,773 bzw. 0,870 m³, je nach dem Alter des Schlammes.

14. Gasbedarf zur Erwärmung des Frischschlammes auf Faulraumtemperatur.

Welcher Teil der gewonnenen Gasmengen zur Erhaltung der Faulraumtemperatur von 25⁰ aufzuwenden ist, muß nun weiter untersucht werden. Hierbei soll die Eigenwärme, die bei der biologischen Zersetzungsarbeit im Schlamm erzeugt wird, vernachlässigt werden, weil irgendwelche Beobachtungen über ihre Größe meines Wissens noch nicht vorliegen und da angenommen werden darf, daß sie sehr gering ist. Die dem Faulraum künstlich zuzuführende Wärme hat zwei Aufgaben zu erfüllen, erstens muß der täglich einzubringende Frischschlamm, der günstigstenfalls die Temperatur des Abwassers von im Jahresdurchschnitt etwa 12 bis 15⁰ C hat, auf die Faulraumtemperatur von 25⁰ C gebracht werden, zweitens müssen die täglichen Wärmeverluste des Faulraumes durch Wärmeabgabe an die Außenluft bzw. den feuchten Untergrund ersetzt werden. Man rechnet wohl genau genug, wenn man die Wärmemenge, die nötig ist, um 1 l Frischschlamm von 95 % Wassergehalt um 1⁰ C zu erwärmen, wie für reines Wasser zu 1 WE annimmt.

Um also z. B. den täglichen Frischschlammanfall von 33 330 Einwohnern (s. Tabelle 7, Sp. 5, Zeile 3), d. h. 33,3 m³ von der Jahresmitteltemperatur des Abwassers von 12⁰ auf 25⁰ zu erwärmen, sind theoretisch 33 330 · (25 — 12) = 432 900 WE einzuleiten. In 1 m³ Faulgas sind nach den obigen Berechnungen im ungünstigsten Fall, mit dem hier gerechnet werden soll, etwa 5000 WE enthalten, von denen beim Verbrennen durch die Heizanlage praktisch 60 %, d. h. etwa 3000 WE, an den Schlamm übergehen. Zur Erwärmung des Frischschlammes wären im vorliegenden Beispiel daher

$$\text{täglich } \frac{432\,900}{3000} = 144 \text{ m³ Faulgas aufzuwenden, d. h. von der}$$

aus dem 500 m³ großen Faulbehälter täglich gewonnenen Faulgasmenge von 386 m³ sind in unserm Beispiel 144 m³ Gas täglich allein für die Erwärmung des Frischschlammes aufzuwenden.

Nach diesem Gedankengang sind in der folgenden Tabelle 8 für die in den Spalten 4 bis 6 der Tabelle 7 angegebenen Verhältnisse der tägliche Gasverbrauch für die

Tabelle 8.

Fall	Zur Erwärmung des eingebrachten Frischschlammes auf 25⁰ C sind auf 1 m³ Faulrauminhalt täglich an Faulgas zu verbrennen bei	1 6⁰	2 9⁰	3 12⁰	4 15⁰	5 18⁰ C	6 Tägl. Gasanf. aus 1 m³ Faulraum
		m³	m³	m³	m³	m³	m³
I	Ruhender Faulraum und Ausfaulung bis 80 % H₂O, Faulraumgröße = 23 l/Einwohner	0,275	0,232	0,168	0,145	0,101	0,435
II	Künstliche Schlammumwälzung, Ausfaulung bis 80 % H₂O, Faulraumgröße = 15 l/Einwohner	0,422	0,356	0,288	0,222	0,156	0,773
III	Künstliche Schlammumwälzung und volle Ausfaulung, 20 l/Gas/Kopf/Tag, Faulraumgröße 23 l/Einwohner	0,275	0,232	0,168	0,145	0,101	0,870

Erwärmung des täglich einzubringenden Frischschlammes auf 1 m³ Faulrauminhalt berechnet, und zwar für eine Ausgangstemperatur des Frischschlammes von 6, 9, 12, 15 und 18⁰.

Zur Erwärmung des 1 l betragenden täglichen Frischschlammanfalles von 1 Einwohner sind an Gas aufzuwenden

$$\frac{25-6}{3} = 6,33 \text{ l bei 6⁰ C Ausgangstemperatur, ferner 5,33 l}$$

bei 9⁰, 4,33 l bei 12⁰, 3,33 l bei 15⁰ und 2,33 l bei 18⁰ Ausgangstemperatur.

15. Gasbedarf zum Ausgleich der durch Auskühlung des auf 25⁰ beheizten Faulbehälters entstehenden Wärmeverluste.

a) für den freistehenden, ungeschützten und oben offenen Faulbehälter. Während die bisher errechneten Zahlen allein von der Faulraumgröße und seiner Betriebsart abhängig waren, spielt für die zweite Gruppe der Wärmeverluste, die Wärmeabgabe an die Umgebung, die Bauart des Faulbehälters eine maßgebende Rolle. Wie schon erwähnt, soll zunächst der oben offene freistehende Eisenbetonbehälter untersucht werden, der innen und außen mit einem je 2 cm starken Putz versehen ist. Die unseren praktischen Bauausführungen entnommenen Wandstärken gehen aus der Abb. 15 hervor. Die Wärmeverlustberechnung ist für die verschiedenen Wandstärken getrennt durchzuführen. Durch den Einbau eines Gasfangtrichters nach Abb. 15 wird die Entstehung einer wärmeisolierenden stärkeren Schwimmdecke an der Oberfläche verhindert, da ja der Frischschlamm unterhalb des Trichters eingeleitet wird. Das über dem Gasfangtrichter stehende Faulraumwasser ist daher einer starken Auskühlung an die freie Atmosphäre ausgesetzt. Das abgekühlte Faulraumwasser sinkt dann wegen seiner größeren Schwere durch die Schlitze am Umfang des Trichters in den Faulraum hinab und drückt andere Mengen warmen Faulraumwassers an die Oberfläche, sodaß ein ständiges Strömen des warmen Faulraumwassers zur kalten Oberfläche erfolgt. An dieser Bewegung nehmen die im ruhenden Faulraum lagernden festen Schlammstoffe nicht teil, das Faulraumwasser strömt vielmehr durch den dichtgelagerten Schlamm hindurch. Diese durch die Auskühlung der Oberfläche bewirkte ständige Umwälzung des Faulraumwassers ist für das Maß der Wärmeabgabe an die kältere Luft von besonderem Nachteil. Die von der Oberfläche an die Luft abgegebene Wärmemenge Q ist direkt proportional 1. der Größe F der auskühlenden Fläche in m², 2. der Anzahl Stunden z, für welche der Wärmeübergang ermittelt werden soll, 3. dem Temperaturunterschied in Grad Celsius zwischen dem Behälterinhalt und der Außenluft und 4. der Wärmeübergangszahl a_0 zwischen Wasser und Luft, d. h. der Wärmemenge, die von 1 m² Fläche bei 1⁰ Temperaturunterschied während 1 Std. übergeht.

Für feste Baustoffe mit einer durchschnittlichen Wärmeleitzahl von etwa λ = 0,70 und einer Wärmestrahlzahl von C' = 4,4 errechnen Brabbée[1] und Wierz[2] die Wärmeaustrittszahl für freibewegte Außenluft mit einer Windgeschwindigkeit v = 0,5 m/s nach der Beziehung $a_0 = C \cdot c + 13 v$ zu $a_0 = 13$ WE/m²/h. Für Wasser ist λ = 0,50 und C' = 3,2. Die kleinere Wärmeleitzahl des Wassers wird aber durch die von der Auskühlung bewirkte lebhafte Konvektion des Behälterinhaltes ausgeglichen, sodaß man nicht zu ungünstig rechnet, wenn man als Wärmeübergangszahl vom Wasserspiegel zur Luft mit mindestens $a_0 = 10$ rechnet. Bei kälterer Außentemperatur dürfte diese Zahl noch größer werden, da dann die Konvektion des Schlammwassers noch lebhafter wird. c ist eine von der Größe des Temperaturunterschiedes an der Oberfläche abhängige Konstante, die im Mittel zu 0,85 anzunehmen ist.

Die von der freien Oberfläche in 24 Std. an die Außenluft von $t_a⁰$ Wärme abgegebene Wärmemenge Q_0 ist daher bei 25⁰ Faulraumtemperatur $Q_I = 13 \cdot F_I \cdot 24 \cdot (25 - t_a)$ WE. Durch eine stärkere trockene und lufthaltige Schwimmdecke könnte dieser Wärmeverlust stark herabgemindert werden. Als nächstes ist der Wärmedurchgang durch die in die freie Luft ragende Außenwand festzustellen, und zwar zu-

[1] Rietschel-Brabbée, Heiz- u. Lüftungstechnik, 7. Aufl., 1925, 2. Band, S. 7.

[2] Wierz, Die wissenschaftlichen und praktischen Grundlagen der Wärmeverlustberechnung in der Heizungstechnik, Berlin 1921.

nächst für den oberen Ring von 2 m Höhe und 20 cm Stärke der Eisenbetonwand, innen und außen mit je einer Putzschicht von 2 cm Dicke versehen. Der tägliche Wärmedurchgang beträgt mit denselben Bezeichnungen wie bei der freien Oberfläche für die bei 10 m $\oint$ des Ringes zulässige Annahme einer ebenen Fläche

$$Q_{II} = k_{II} \cdot F_{II} \cdot 24 \ (25 - t_a) \ \text{WE}.$$

In diesem Fall ist anstatt der Wärmeaustrittszahl a_0 der Formel 1 der Wärmedurchgangskoeffizient k_{II} durch die Wand in Rechnung zu stellen. Dieser ist abhängig:

1. von der Wärmeübergangszahl a zwischen dem Schlammrauminhalt und der Innenseite der Behälterwand,

2. von der Stärke e_1, e_2 und e_3 der drei fest aneinanderliegenden Materialschichten der Wand und den jeweils zugehörigen Wärmeleitzahlen λ_1, λ_2 und λ_3 des Materials und

3. von der Wärmeaustrittszahl zwischen der rauhen Außenwand und der frei bewegten Außenluft. Die Beziehung zwischen diesen Werten ist festgelegt durch die Formel[1])

$$\frac{1}{k} = \frac{1}{a} + \frac{1}{a_0} + \frac{e_1}{\lambda_1} + \frac{e_2}{\lambda_2} + \frac{e_3}{\lambda_3}.$$

Die Wärmeübergangszahl a wird in der »Hütte«, 25. Aufl., Bd. I, S. 459, für reines Wasser je nach dem Temperaturunterschied von 500 bis 3000 WE/m²/h° angegeben. Im Hinblick darauf, daß es sich im Innern des Faulbehälters nicht um dünnflüssiges Wasser, sondern um zähflüssigen Faulschlamm handelt, durch den die Konvektion des den ruhenden Schlamm durchsetzenden Schlammwassers behindert wird und da zudem die Temperaturunterschiede zwischen dem Schlamm und der Innenseite der Wände stets gering ist, soll im folgenden für den ganzen Behälter mit einem Wert $a = 300$ gerechnet werden.

Für die Wärmeaustrittszahl a_0 ist der schon bei Besprechung der Oberflächenauskühlung nach Rietschel-Brabbée für feste Baustoffe errechnete Wert von 13 einzusetzen.

Die Wärmeleitzahl λ, d. h. die Wärmemenge, die durch 1 m² Wand von 1 m Dicke in 1 Std. bei 1° Temperaturdifferenz hindurchgeht, beträgt für Eisenbeton etwa $\lambda_2 = 1{,}0$ und für Putz $\lambda_1 = \lambda_3 = 0{,}5$ (s. Hütte I, S. 448). Mit diesen Werten errechnet sich k_{II} für die obere Ringfläche aus

$$\frac{1}{k_{II}} = \frac{1}{300} + \frac{1}{13} + \frac{0{,}02}{0{,}5} + \frac{0{,}20}{1{,}0} + \frac{0{,}02}{0{,}5} = \frac{1}{2{,}78}$$

zu $k_{II} = 2{,}78$ WE/m²h°.

Für die zweite dann folgende Ringfläche F_{III} von ebenfalls 2 m Höhe bleiben alle Werte dieselben mit Ausnahme der Eisenbetonstärke, die 30 cm beträgt. Es ist daher

$$\frac{1}{k_{II}} = \frac{1}{300} + \frac{1}{13} + \frac{0{,}02}{0{,}5} + \frac{0{,}30}{1{,}00} + \frac{0{,}02}{0{,}5} = \frac{1}{2{,}17}, \text{ d. h. } k_{III} = 2{,}17.$$

---

[1]) Siehe Rietschel-Brabbée und auch Hütte, 25. Aufl., Bd. I, S. 447 ff.

Für die dritte Ringfläche F_{IV} wird die Eisenbetonstärke 40 cm. Außerdem ist eine andere Wärmeaustrittszahl zu wählen, da nach unserer Annahme dieser Ring schon voll im Untergrund liegt. Die Abführung und weitere Verteilung der Wärme im völlig trockenen Untergrund ist rechnerisch schwierig zu verfolgen. Dieser Fall ist auch von geringerer Bedeutung, weil die Sohle der Faulbehälter wohl doch stets mehr oder weniger weit ins Grundwasser eintauchen wird. Die Temperatur des umgebenden Grundwassers durch die Wärmeabgabe aus dem Faulbehälter zu erhöhen, ist praktisch nicht möglich, da das Grundwasser meist strömt, bei ruhendem Grundwasser aber die Wärme durch Konvektion verhältnismäßig schnell fortgeleitet wird. Man kann daher als Außentemperatur des Untergrundes die normale Grundwassertemperatur annehmen und für die Wärmeaustrittszahl von der Behälterwand zum Grundwasser den kleinsten oben nach der »Hütte« genannten Wert für den Wärmeübergang von Wasser zur Wand mit 500. Mit diesen Werten erhält man mit der vereinfachenden Annahme, daß das Grundwasser bis zur Geländeoberkante reicht, aus

$$\frac{1}{K_{IV}} = \frac{1}{300} + \frac{1}{500} + \frac{0{,}02}{0{,}5} + \frac{0{,}4}{1{,}00} + \frac{0{,}02}{0{,}5} = \frac{1}{2{,}06}$$

$$k_{IV} = 2{,}06.$$

Der Wert k_V für den Sohltrichter F_V wird mit derselben Voraussetzung wie bei k_{IV} nur mit 30 cm Betonstärke $k_V = 2{,}59$. Die Jahresdurchschnittstemperatur des Grundwassers dürfte in unserm Klima etwa 8° C betragen, bei einer Lufttemperatur von —2° C habe ich eine Abkühlung des Grundwassers bis +6° und bei einer Lufttemperatur von —20° auf +4° angenommen. Als Temperatur der Außenluft sind folgende Werte von besonderer Bedeutung:

1. Die Jahresmitteltemperatur, die zur Feststellung des Jahresbrennstoffbedarfes für die künstliche Beheizung maßgebend ist. Sie beträgt nach dem Statistischen Jahrbuch für das Deutsche Reich 1924/25 für den Osten 6°, für Berlin 8° und den Westen 9° C. In der folgenden Rechnung ist 8°, wie auch beim Grundwasser, angenommen.

2. Die Durchschnittstemperatur eines kalten Wintermonats, die etwa —2° beträgt.

3. Die niedrigste stets nur für einige Tage anhaltende Temperatur von —20° C und

4. die Durchschnittstemperatur eines sehr heißen Monats mit +20° C.

Mit diesen Unterlagen ist nun in der folgenden Tabelle 9 die Wärmeverlustberechnung durchgeführt und die Wärmeabgabe auf 1 m³ Faulrauminhalt bzw. die Gasmenge, die zum Ausgleich dieser Wärmemenge zu verbrennen ist, fest-

Tabelle 9. Freistehender offener Faulbehälter.

	Fläche	Grösse der Fläche in qm	Wärmedurchgangszahl K	Wärmeverlust in 24 Std bei $\Delta t = 1°$	Kälteste Tage Lufttemp. -20° Grundw.Temp. +4°		Kalter Wintermonat Lufttemp. -2° Grundw.Temp. +6°		Jahresmittel Luft- u. Grundwassertemp. +8°		Warmer Sommermonat Lufttemp. +20° Grundw.Temp. +10°	
					$t_i - t_a \cdot at$	Wärmeverlust	$t_i - t_a \cdot at$	Wärmeverlust	$t_i - t_a \cdot at$	Wärmeverlust	$t_i - t_a \cdot at$	Wärmeverlust
1	2	3	4	5	6	7	8	9	10	11	12	13	14
1	Oberfläche $\frac{d^2 \pi}{4}$	79	10	18960	45	853200	27	511920	17	322320	5	94800
2	Obere Ringfl. $2 \cdot d \cdot \pi$	63	2,78	4200	45	189000	27	113400	17	71400	5	21000
3	mittl. "	63	2,17	3280	45	147600	27	88560	17	55760	5	16400
4	untere " $1{,}5 d \cdot \pi$	47	2,06	2320	21	48720	19	44080	17	39440	15	34800
5	Sohltrichter $\frac{d \cdot \pi \cdot s}{2}$	95	2,59	5900	21	123900	19	112100	17	100300	15	88500
6	Wärmeabgabe des 500 cbm Behälters			für $\Delta t = 1°$ 34660	bei -20°	1362420	bei -2°	870060	bei +8°	589220	bei +20°	255500
7	Täglicher Gasverbrauch zum für d. ganzen Behälter in cbm				bei -20°	454,1	bei -2°	290,0	bei +8°	196,4	bei +20°	85,2
8	Ausgleich der Wärmeverluste für kbm Faulrauminhalt in cbm				bei -20°	0,908	bei -2°	0,580	bei +8°	0,393	bei +20°	0,170

gestellt, wobei wieder vorausgesetzt ist, daß aus 1 m³ Gas 3000 WE auf den Schlamm übergehen. Von besonderem Interesse ist in dieser Zusammenstellung der Anteil der Oberflächenauskühlung am gesamten Wärmeverlust, er beträgt im Jahresdurchschnitt (s. Sp. 11/12) mehr als die Hälfte.

Mit den Werten der letzten Zeile 8 vorstehender Tabelle kann nun in der nächsten Tabelle 10 errechnet werden, wie groß der tägliche Gasüberschuß aus 1 m³ Faulrauminhalt ist, nachdem die zur Erwärmung des Frischschlammes (Zeile 2) und zum Ausgleich der Faulraumauskühlung (Zeile 3) zu verbrennende Gasmenge abgezogen ist. Die Temperaturen des Grundwassers und des Frischschlammes habe ich, wie in der Tabelle angegeben, mit der Lufttemperatur schwankend angenommen. Das Ergebnis für den offenen, freistehenden Behälter ist aus der Zeile 5 für die verschiedenen Faulraumgrößen und Betriebsweisen zu entnehmen, es ist ferner auf der Abb. 18 (s. w. unten) in den

inhaltes (Kurven II c und III c) reicht der Gasanfall wenigstens im Jahresdurchschnitt zur künstlichen Beheizung aus, aber auch hier muß im Winter fremde Wärme hinzugekauft werden[1]).

---

[1]) *Im »Technischen Gemeindeblatt« vom 5. 7. 27 veröffentlichen Imhoff, Fries und Sierp in einem gemeinsamen Aufsatz Betriebsergebnisse über die Kläranlage Essen-Rellinghausen, auf der ein freistehender, künstlich beheizter Eisenbetonfaulraum genau von der oben untersuchten Form und Größe betrieben wird. Es ist zur Nachprüfung unseres bisherigen Rechnungsganges von besonderem Interesse, die hier veröffentlichten, der Praxis entnommenen Zahlen mit dem Ergebnis unserer Rechnungsweise zu vergleichen. Diese Rechnung bildet gleichzeitig ein anschauliches Beispiel für die Benutzung der oben gegebenen Tabellen und Tafeln.*

Aus anderen Veröffentlichungen des Ruhrverbandes ist bekannt, daß von den 45 000 an die Kläranlage angeschlossenen

Tabelle 10. Gasanfall in m³/Tag auf 1 m³ Faulrauminhalt.

	Gasanfall in cbm/Tag auf 1 cbm Faulrauminhalt	Ausfaulung bis 80% Wassergehalt								Ausfaulung bis 76% Wassergehalt			
		bei ruhendem Faulraum und 23 Liter Faulraumgrösse je Einwohner				bei künstlicher Schlammumwälzung und 15 Liter Faulraumgrösse je Einwohner				bei künstlicher Schlammumwälzung und 23 Liter Faulraumgrösse je Einwohner			
		Fall I				Fall II				Fall III			
		bei einer Lufttemperatur l, Grundwassertemperatur g u. Frischschlammtemp. f von											
		l=-20 g=+4 f=+6	-2 +6 +9	+8 +8 +12	+20 +10 +15	l=-20 g=+4 f=+6	-2 +6 +9	+8 +8 +12	+20 +10 +15	l=-20 g=+4 f=+6	-2 +6 +9	+8 +8 +12	+20 +10 +15
1	2	3	4	5	6	7	8	9	10	11	12	13	14
1	Gasanfall in cbm/Tag aus 1 cbm Faulraum, nach Tabelle 6	0,435	0,435	0,435	0,435	0,773	0,773	0,773	0,773	0,870	0,870	0,870	0,870
2	Zur Erwärmung des auf 1 cbm Faulraum kommenden tägl. Frischschlammanfalles sind an Gas zu verbrennen, nach Tabelle 7	0,275	0,232	0,188	0,145	0,422	0,356	0,288	0,222	0,275	0,232	0,188	0,145
3	Zum Ausgleich der Wärmeverluste nach aussen sind auf 1 cbm Faulraum an Gas zu verbrennen, nach Tabelle 8	0,908	0,580	0,393	0,170	0,908	0,580	0,393	0,170	0,908	0,580	0,393	0,170
4	Gesamtverbrauch in cbm/Tag je cbm Faulrauminhalt	1,183	0,812	0,581	0,315	1,330	0,936	0,681	0,392	1,183	0,812	0,581	0,315
5	Tägl. Überschuss an Faulgas aus 1 cbm Faulraum	0,748	0,377	0,146	0,120	0,557	0,163	0,092	0,381	0,313	0,058	0,289	0,555
6	Zum Ausgleich der Wärmeverluste nach aussen auf 1 cbm Faulraum an Gas zu verbrennen, nach Tabelle 8	0,295	0,212	0,161	0,102	0,295	0,212	0,161	0,102	0,295	0,212	0,161	0,102
7	Gesamtverbrauch in cbm/Tag je cbm Faulrauminhalt	0,570	0,444	0,349	0,247	0,717	0,568	0,449	0,324	0,570	0,444	0,349	0,247
8	Tägl. Überschuss an Faulgas aus 1 cbm Faulraum	0,135	0,009	0,086	0,188	0,056	0,205	0,324	0,449	0,300	0,426	0,529	0,623
9	Zum Ausgleich der Wärmeverluste nach aussen sind auf 1 cbm Faulraum an Gas zu verbrennen, nach Tabelle 8	0,172	0,117	0,085	0,046	0,172	0,117	0,085	0,046	0,172	0,117	0,085	0,046
10	Gesamtverbrauch in cbm/Tag je cbm Faulrauminhalt	0,447	0,349	0,273	0,191	0,594	0,473	0,373	0,268	0,447	0,349	0,273	0,191
11	Tägl. Überschuss an Faulgas aus 1 cbm Faulraum	0,012	0,086	0,162	0,244	0,179	0,300	0,400	0,505	0,423	0,521	0,597	0,679

Kurven I c, II c und III c graphisch dargestellt. Oberhalb der Nullinie geben die Kurven Gasüberschuß, darunter Gasmangel an.

Es zeigt sich, daß die künstliche Schlammbeheizung bis 25° ohne gleichzeitige künstliche Schlammumwälzung im offenen freistehenden Faulbehälter nur unter Zuführung fremder Wärme möglich ist. Bei Erwärmung durch das eigene Gas fehlen im Jahresdurchschnitt je Tag und Kubikmeter Faulrauminhalt 0,146 m³ Gas, d. h. 0,184 · 3000 = 552 WE, die in Gas oder Koks hinzugekauft werden müssen. Diese Zahlen bestätigen das Ergebnis unserer früheren praktischen Versuche mit künstlicher Beheizung derartiger Behälter in Essen, nach denen die größere Gasausbeute aus dem wärmeren Schlammraum voll zur künstlichen Beheizung verbraucht wurde. Das große Wärmedefizit aller drei e-Kurven bei —20° Lufttemperatur zeigt deutlich den Nachteil der ungeschützten Oberfläche. Man sollte in diesem Falle durch künstliche Maßnahmen eine Schwimmschicht zur besseren Wärmeisolation der Wasseroberfläche schaffen. Bei Beschleunigung der Zersetzung durch künstliche Umwälzung des Behälter-

Einwohnern nur 37 000 ihr Abwasser durch die Belebtschlammanlage schicken, während von den restlichen 8000 Einwohnern, deren Abwasser in einer Nebenkläranlage nur mechanisch gereinigt wird, nur der Frischschlamm dieser Vorreinigung der Hauptkläranlage zugepumpt wird. Um unsere Tabellen und Kurven benutzen zu können, die für den Normalfall aufgestellt sind, daß je Einwohner und Tag 1 l Frischschlamm mit 95% Wassergehalt anfällt, müssen wir die an Rellinghausen angeschlossene Einwohnerzahl auf diesen Normalfall umrechnen. Der Frischschlamm in der Hauptkläranlage setzt sich zusammen aus dem Schlamm der Vorreinigung von 37 000 Einwohnern mit je 0,9 l/Tag = 33 300 l, ferner für dieselbe Einwohnerzahl der Überschußschlamm der biologischen Nachreinigung, der mit etwas höherem Wassergehalt von 96,1% anfällt. Seine Menge je Einwohner sei näherungsweise vom Faulschlamm ausgehend in dem gemessenen Verhältnis von 1,6 : 2,0 auf normalen Frischschlamm von 95% Wassergehalt umgerechnet, was eine tägliche Frischschlammmenge aus dieser Quelle von $33\,000 \cdot \dfrac{1,6}{2,0} = 26\,700$ l ergibt.

Endlich kommt von der Nebenkläranlage, die dem Abwasser

b) für einen mit Erde eingeschütteten und mit Holzbohlen abgedeckter Faulbehälter.

Um die künstliche Schlammraumbeheizung wirtschaftlicher zu gestalten, müssen die Wärmeverluste nach Mög-

eine normale Aufenthaltszeit bietet, von 8000 Einwohnern der normale Frischschlammanfall von je 1 l/Kopf/Tag, d. h. je Tag 8000 l. Insgesamt beträgt daher der gesamte tägliche Frischschlammanfall näherungsweise 33300 + 26700 + 8000 = 68000 l von 95% Wassergehalt und entspricht damit dem normalen Tagesanfall von 68000 Einwohnern. Diese Zahl ist der folgenden Berechnung zugrunde zu legen. Der Schlamm wird in 2 Stufen ausgefault, zunächst im vorhandenen 980 m³ großen Emscherbrunnenfaulraum und dann im 500 m³ großen freistehenden Faulbehälter, dessen Temperatur im Winter durch Beheizung mit der ganzen Menge des in ihm entwickelten Faulgases auf 21° C gehalten werden kann.

Wir wollen zunächst die Leistungsfähigkeit der vorhandenen Faulraumgrößen nach unserem Berechnungsgang nachprüfen, und zwar für die Wintermonate, in denen nach den der Veröffentlichung beigegebenen Temperaturkurven im Faulraum im Durchschnitt etwa 13° Wärme herrscht, während in der 2. Stufe künstlich 21° Wärme gehalten wird.

Mit diesen Faulraumgrößen und Temperaturen läßt sich der anfallende Schlamm nach unserm Berechnungsgang, wie im folgenden gezeigt wird, bis etwa 85% Wassergehalt ausfaulen, was für den Winter ja auch als ausreichend bezeichnet werden kann. In der 2. Stufe kommen auf jeden der 68000 Einwohner (auf den Normalfall der Kurven umgerechnet) $\frac{500000}{68000}$ *= 7,35 l Faulraum. Um den mit 95% Wassergehalt anfallenden Frischschlamm in einer einzigen auf 21° C gehaltenen Stufe auf 85% auszufaulen, sind je Einwohner nach Abb. 11 18 l Faulraumgröße nötig, entsprechend einer »reduzierten Faulzeit« von 0,95 Monaten und einem Gasanfall von 5,6 l. Da der Nachfaulraum je Einwohner aber nur 7,35 l enthält, muß der Schlamm sich während des ersten Teiles der Faulzeit, der einer Faulraumgröße von 18 — 7,35 = 10,65 l bei 21° C entspricht, in der 1. Stufe aufhalten. Würde auch diese 1. Stufe mit 21° Wärme betrieben, so würde dabei während der »reduzierten Faulzeit« von 0,4 Monaten (s. Abb. 6, V) eine Gasmenge von 1,5 · 1,58 = 2,37 l (s. Abb. 4, IV u. 9) gewonnen werden. Aus der 2. Stufe fällt daher je Kopf und Tag an Gas 5,6 — 2,37 = 3,23 l an, d. h. auf 1 m³ Faulrauminhalt* $\frac{68000 \cdot 3,23}{1000 \cdot 500}$ *= 0,443 m³/Tag. Auf die wirklich vorhandene Einwohnerzahl von 45000 zurückgerechnet, gibt dies einen täglichen Gasanfall von* $\frac{3,23 \cdot 68}{45}$ *= 4,88 l/Kopf.*

Die eben aus den Faulraumgrößen für 21° C festgestellten »reduzierten Faulzeiten« von 0,95 bzw. 0,4 Monaten entsprechen bei der Normaltemperatur der Kurven von 15° C nach Abb. 9 den wirklichen Zeiten von 0,95 · 1,58 = 1,50 bzw. 0,4 · 1,58 = 0,63 Monaten. Wie die für 15° geltende Abb. 5 zeigt, wird dabei der Schlamm in der 1. Stufe von 95% auf rd. 90% und in der 2. Stufe von 90% auf 85% Wassergehalt ausgefault.

Nun wird aber ja die 1. Stufe nicht mit 21°, sondern im Winter mit nur 13° betrieben, die erforderliche »reduzierte Faulzeit« verlängert sich daher von 0,63 Monaten bei 15° auf $\frac{0,63}{0,85}$ *= 0,74 Monate (s. Abb. 9), wofür die Abb. 7 eine Faulraumgröße von 14,5 l/Einwohner angibt. Auf die wirkliche Einwohnerzahl von 45000 umgerechnet, ergibt dies eine Größe von* $\frac{14,5 \cdot 68000}{45000}$ *= 21,9 l, während 22,0 l in den Emscherbrunnen vorhanden sind. Die Ausfaulung bis 85% Wassergehalt ist also nach unserer Berechnung bei den vorhandenen Faulräumen bei den gemessenen Temperaturen gerade möglich. Die hierbei in der 1. Stufe anfallende Gasmenge wird nach Abb. 9 und Abb. 4/IV 0,85 · 2,8 = 2,38 l/ Kopf, d. h. wieder auf 45000 Einwohner umgerechnet* $\frac{2,38 \cdot 68}{45}$

= 3,6 l, sodaß in beiden Stufen zusammen 4,88 + 3,6 = 8,48 l/Tag und Einwohner gewonnen werden, was mit den veröffentlichten Zahlen übereinstimmt. Der in der Veröffentlichung angegebene Wassergehalt des ausgefaulten Schlammes von nur 80% dürfte sich nicht auf die Wintermonate beziehen. Ebenso dürfte die ausgesprochene Erwartung, daß sich nach Mitverarbeitung des Belebtschlammes die Gasausbeute aus derselben Faulraumgröße verdoppeln wird, nicht erfüllen, denn wenn man unter denselben Temperaturverhältnissen stark voneinander abweichende Frischschlammengen durch Faulräume gleicher Größe schickt, so weicht der Gasanfall aus 1 m³ Faulrauminhalt nur unwesentlich voneinander ab, wird z. B. im gleichen Faulraum die zu verarbeitende Schlammenge verdoppelt, so wird damit die Faulzeit für den Schlamm auf die Hälfte eingeschränkt, sodaß die Gasausbeute nahezu dieselbe bleibt (s. auch die Kurven der Abb. 11, deren zugehörige Faulzeiten sich wie 2 : 1 verhalten). Ich kann mir daher auch nicht erklären, daß nach der genannten Veröffentlichung die Vergrößerung der Schlammenge der ursprünglichen Vorreinigung in Rellinghausen durch den Belebtschlamm um ⁴/₅ (im reifen Schlamm gemessen) unter sonst völlig gleich gebliebenen Verhältnissen den Wassergehalt des abzulassenden Schlammes nur von 78% auf 80% gesteigert haben soll, was einer Verkürzung der Faulzeit bei 15° von 4 auf 3 Monaten (s. Abb. 5), d. h. nur um ¼ entsprechen würde. Diese Beobachtung ist m. E. nur dadurch zu erklären, daß der 500-m³-Behälter im Winter früher nahezu ganz für die Zersetzung ausfiel, sodaß man je Einwohner nur die 22 l/Kopf großen Emscherbrunnenfaulräume hatte. Durch die künstliche Beheizung auf 21° erreicht man nun im Ergänzungsbehälter mit 11 l/Kopf in der halben Faulzeit dasselbe wie bei 13°, der Wintertemperatur im Emscherbrunnen, die 11 l entsprechen, daher einer Faulraumgröße von 18 l bei 13° Temperatur (s. Abb. 7 für ½ und 1 Monat), d. h. durch die künstliche Beheizung hat man die Leistungsfähigkeit des Ergänzungsbehälters um rd. 50% über die eines gleich großen Emscherbrunnenfaulraumes gesteigert. Die durch den Belebtschlamm vergrößerte Schlammenge wird daher nicht in demselben Faulraum von 22 l/Kopf zersetzt, sondern in einem um 18 l vergrößerten Faulraum, wodurch die geringe Schwankung im Wassergehalt des ausgefaulten Schlammes von 78 auf 80° genügend erklärt wird. Sollte nun der Schlamm in Rellinghausen entgegen dieser Berechnung auch im Winter weiter als auf 85% Wasser ausgefault werden, so zeigt diese Nachrechnung, daß die Ausgangszahlen und der Rechnungsgang meiner Veröffentlichung jedenfalls keine zu kleinen Behälter oder zu große Gasmengen ergeben und daß damit die noch folgende Wirtschaftlichkeitsberechnung nicht zu günstig gefärbt ist, sondern reichliche Sicherheiten enthält.

Von besonderer Bedeutung für unsere obige Wärmeverlustberechnung ist nun noch die Angabe der Veröffentlichung über Rellinghausen, daß unter Verheizung der ganzen im Behälter gewonnenen Gasmenge die Faulraumtemperatur im Winter auf 21° gehalten werden konnte. Wir wollen untersuchen, wie sich die Verhältnisse nach unserem Berechnungsgang gestalten müssen. Wie schon ermittelt, dürfte man in Rellinghausen aus 1 m³ Faulraum je Tag 0,443 m³ Faulgas gewinnen. Diese Menge bleibt annähernd dieselbe, auch wenn im Behälter z. B. ein Schlamm von 85 auf 80% Wassergehalt ausgefault würde. Das Gas enthält in Rellinghausen nach den angegebenen Messungen etwa 72% Methan und hat damit einen unteren Heizwert von etwa 6200 WE. Diese Gasmenge, die bei der Heizung nach unseren Annahmen etwa 60% ihres Heizwertes an den Schlammraum überträgt, wird nun verbraucht, um erstens den neu einzubringenden Schlamm von 13° Abwassertemperatur auf 21° Faulraumtemperatur zu erwärmen und um zweitens die tägliche Auskühlung des Behälters auszugleichen. Wie schon errechnet, werden für rechnerisch 68000 Einwohner täglich 0,5 l vorgefaulten Schlamm in den

lichkeit eingeschränkt werden, und zwar sowohl bei der Auskühlung als auch bei der Frischschlammerwärmung. Zur Verringerung der Auskühlung hat man vielfach schon die getrennten Faulbehälter bis zur Oberkante mit Erde angeschüttet und die Oberfläche mit Bohlen abgedeckt, die von

Eisenbetonbalken getragen werden. Dabei ist der Gasfangtrichter unter dem Schlammspiegel nach wie vor nötig.

Die Wärmedurchgangszahl k_I für eine $e = 5$ cm starke Eichenholzabdeckung errechnet sich wieder aus dem Widerstand a_0, der beim Übergang vom Innern an die Decke, ferner $\frac{e}{\lambda}$, der beim Durchwandern der eigentlichen Holzbohlen mit der Leitzahl $\lambda = 0,2$ und endlich a_1, der beim Übergang von der Oberkante der Bohlen an die leicht bewegte Außenluft zu überwinden ist. Die letztere Widerstandszahl a_1 kennen wir schon vom Wärmeaustritt von der Außenwand an die Luft zu $a_1 = 13$. Für a_0 ist die für Innenluft zur Innenwand bei 6^0 Temperaturunterschied von Brabbée zu 7,5 angegebene Wärmeeintrittszahl zu wählen, da die Holzdecke ja nicht mit dem Schlamm unmittelbar, sondern mit dem darüber liegenden eine Schicht von mindestens 40 cm Höhe einnehmenden Gasluftgemisch in Berührung kommt, das die nach oben abgegebene Wärmemenge dem Schlammwasser entzieht. Es ist somit

$$\frac{1}{k} = \frac{1}{7,5} + \frac{1}{13} + \frac{0,05}{0,2} = \frac{1}{0,46}$$ *d. h. $k_I = 2,14$. In Hinblick auf den wenn auch nur geringen Widerstand beim Wärmeübergang vom Schlamm zum darüberstehenden Gasluftgemisch soll für die Oberfläche mit $k_1 = 2,0$ WE/m²/h ^{0}C gerechnet werden.*

Die Wirkung der 1 : 1,5 geböschten Erdanschüttung auf den Wärmedurchgang der Ringe F_{II} und F_{III} ist rechnerisch nur schwer zu verfolgen (s. Abb. 16). Einen ungefähren Anhalt dürfte die vereinfachende Annahme bieten, daß der als Ebene anzusehenden Wand F_{II} eine parallele Erdschicht von 1,5 m Stärke und der Wand F_{III} eine solche von 3,00 m Stärke vorgelagert ist, wobei also der größere Umfang der äußeren

Behälter eingebracht und sind um $21 - 13 = 8^0$ zu erwärmen. Hierzu sind je m³ Faulraum an Gas von 6200 WE/m³ zu verbrennen $\frac{68\,000 \cdot 0,5 \cdot 8}{500 \cdot 1000 \cdot 0,6 \cdot 6,2} = 0,148$ m³. Der tägliche Wärmeverlust des ganzen Behälters bei $4,5^0$ Luft- und 7^0 Grundwassertemperatur setzt sich nach der Tabelle 9, Spalte 6, aus folgenden Einzelwerten zusammen:

Oberfläche	18960 $(21 - 4,5)$ =	312 000 WE
Obere Ringfläche	4200 $(21 - 4,5)$ =	69 000 »
Mittlere Ringfläche	3280 $(21 - 4,5)$ =	54 000 »
Untere Ringfläche	2320 $(21 - 7)$ =	32 600 »
Sohltrichter	5900 $(21 - 7)$ =	82 600 »
	Gesamtwärmeverlust	550 200 WE/Tag

Die zum Ausgleich je m³ Faulraum zu verbrennende Gasmenge ist $\frac{550200}{500 \cdot 0,6 \cdot 6200} = 0,296$ m³. Insgesamt sind daher, um die Temperatur auf 21^0 zu halten, bei den angenommenen Verhältnissen $0,296 + 0,148 = 0,444$ m³ Gas täglich zu verbrennen, während aus 1 m³ Faulraum je Tag 0,443 m³ anfallen. Diese gute Übereinstimmung zeigt, daß die Annahmen meiner Wärmeverlustberechnung sich von der Wirklichkeit nicht allzu weit entfernen können.

Zum Schluß will ich noch zu dem in dem genannten Aufsatz über Rellinghausen ausgesprochenen Urteil der Verfasser über die Wärmeisolierung Stellung nehmen, nach der »es beachtenswert ist, daß der hier verwendete getrennte Faulraum keinerlei Kälteschutz hat. Die senkrechten Betonwände stehen frei in der Luft. Außer der unter dem Wasserspiegel befindlichen Gasdecke ist keine Abdeckung vorhanden. Der Schlamm selbst bildet eine Schwimmdecke als Kälteschutz. Die Heizung mit dem eigenen Gase ist hiernach um ein Vielfaches wirkungsvoller als der denkbar beste äußere Kälteschutz.« Wie die im obigen Aufsatz noch folgende rechnerische Untersuchung der Wärmeverluste eines gut isolierten Faulbehälters sonst gleicher Größe und Bauart erweist, bringt man die täglichen Wärmeverluste durch eine sachgemäße Isolierung auf rd. den 4. Teil des hier geschilderten Behälters herunter, wobei die durch die Isolierung entstehenden Mehrkosten so unwesentlich sind, daß man sie vernachlässigen kann. Wenn man sich ein Bild darüber machen will, ob die Isolierung oder künstliche Beheizung »wirkungsvoller« ist, so kann dieser Vergleich natürlich nicht

Erdböschung für den Wärmeübergang zur Außenluft ($a_1 = 13$ genau wie bei freistehender Wand) vernachlässigt ist. Alle übrigen Abmessungen bleiben dieselben wie beim freistehenden

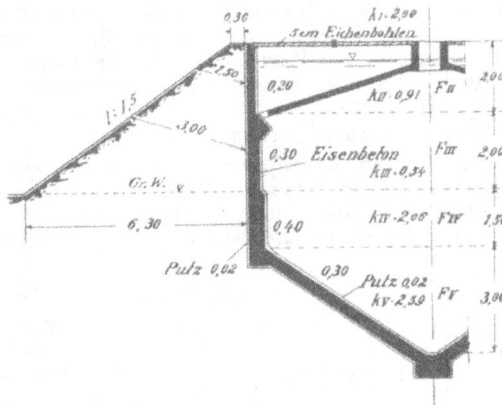

Abb. 16. Abmessungen eines 500 m²-Faulbehälters nach Abb. 15 mit seitlicher Erdanschüttung und oberer Abdeckung durch Holzbohlen.

Behälter. Die Wärmeleitzahl λ für trockene Erde beträgt 2,0, sodaß nach den früheren Ausführungen

$$\frac{1}{k_{II}} = \frac{1}{300} + \frac{1}{13} + \frac{0,02}{0,5} + \frac{0,20}{1,0} + \frac{0,02}{0,5} + \frac{1,5}{2,0} = \frac{1}{0,91},$$

d. h. $k_{II} = 0,91$ WE/m²/h^0 C wird.

Für den nächsten Ring mit 3 m starker Erdisolierung ergibt sich auf dieselbe Weise $k_{III} = 0,54$.

unter Vernachlässigung der Wirtschaftlichkeit beider Wege geschehen. Unter Berücksichtigung dieses Gesichtspunktes ergibt sich folgendes Bild: Bei den vorstehend genannten Wintertemperaturen von $4,5^0$ Luft und 13^0 C Abwasser wird sich für einen gut isolierten Behälter, wie in meinen obigen Berechnungen noch nachgewiesen wird, die Temperatur in diesem Faulbehälter ohne Anwendung künstlicher Beheizung auf etwa 9^0 C einstellen, während sie ohne Isolierung etwa 5^0 betragen würde. Zur künstlichen Erwärmung des nicht isolierten Rellinghauser Behälters von 5 auf 9^0 C wären je Tag etwa 120000 WE aufzuwenden, entspr. $\frac{120000}{0,6 \cdot 6200} = 32$ m³ Gasverbrauch je Tag. Durch Verkauf dieser Gasmenge zu 3,5 Pf./m³ — dem Essener Verkaufspreis — würde man also bei guter Isolierung im Jahre $\frac{3,5 \cdot 32 \cdot 365}{100} = 410$ M. Ersparnisse gegenüber dem Wege der künstlichen Beheizung erzielen können. Will man jedoch zur intensiveren Ausnutzung des Faulraumes in ihm eine höhere Temperatur, z. B. 25^0 das ganze Jahr über halten, so ist dies natürlich nur durch künstliche Beheizung möglich. Hierdurch wird der tägliche Gasanfall aus dem 500-m³-Behälter nach Abb. 11 um $\frac{500 \, (0,16 - 0,049)}{365} = 150$ m³ gesteigert. Im Jahresdurchschnitt sind dann aber beim nicht isolierten Behälter täglich 589 220 WE allein zum Ausgleich der Auskühlung zuzuleiten, wozu $\frac{589220}{0,6 \cdot 6200} = 158$ m³ Gas von 6200 WE/m³, d. h. der ganze Gasanfall, aufzuwenden sind. Durch gute Isolation, die, wie schon gesagt, soweit sie schon beim Neubau vorgesehen wird, keine nennenswerten Mehrkosten verursacht, könnte nun von diesem Gasaufwand etwa ¾ erspart werden. Durch Verkauf dieser ersparten Gasmenge zu 3,5 Pf./m³ würde eine jährliche Einnahme von $0,75 \cdot 158 \cdot 365 \cdot 0,035 = 1500$ M. erzielt, die bei normalem Gaspreis von 6 bis 8 Pf. das Doppelte, d. h. 3000 M./Jahr betragen würde. Diese Ersparnis wäre nur der Wärmeisolierung zu verdanken. Es ist nach diesen Überlegungen also nicht richtig, zwischen der künstlichen Beheizung oder der Wärmeisolierung wählen zu wollen, sondern die gemeinsame Anwendung beider Hilfen gibt den höchsten technischen und wirtschaftlichen Effekt.

Für die beiden im Grundwasser liegenden Flächen F_IV und F_V bleiben die Wärmedurchgangszahlen genau wie im Beispiel der Abb. 15.

In der folgenden Tabelle 11 ist nun die Wärmeverlustberechnung in derselben Form und für dieselben Temperaturannahmen wie bei Tabelle 9 durchgeführt. Sp. 12 zeigt, daß durch den besseren Wärmeschutz des Behälters der tägliche Wärmeverlust im Jahresdurchschnitt auf weniger als die Hälfte des Wertes für den völlig ungeschützten Behälter heruntergegangen ist.

Bevor wir ausführlicher auf diese Tabelle eingehen, wollen wir eine kurze Untersuchung der Wirkung der angenommenen Wärmeisolation auf einen nicht künstlich beheizten Faulbehälter einschalten, bei dem die durch Auskühlung entstehen-

mit künstlicher Schlammumwälzung, so können an ihn anstatt 12000 bei derselben Temperatur 50% mehr, d. h. 18000 Einwohner mit demselben technischen Effekt angeschlossen werden. Da hierdurch nun die Beheizung des Behälters durch die größere eingebrachte Frischschlammenge ebenfalls verbessert wird, wird die Jahresdurchschnittstemperatur einige Grad höher sein, und deshalb kann die Zahl der anzuschließenden Einwohner weiterhin auf über 20000 anstatt 12000 gesteigert werden.

Die vorstehende Berechnung für selbständige Schlammfaulräume setzt weiterhin voraus, daß der Frischschlamm auch wirklich mit der Temperatur des Abwassers in den Faulbehälter gelangt. Bei der häufig zu beobachtenden Betriebsweise, daß der Frischschlamm erst durch lange unterirdische

Tabelle 11. Mit Erde eingeschütteter Faulbehälter.

	Fläche		Grösse der Fläche in qm	Wärme durchgangs zahl K	Wärmeverlust i.24 Std bei $\Delta t \cdot 1°$	Kälteste Tage Lufttemp. $-2°$ Grundw.-Temp. $+6°$		Kalter Wintermonat Lufttemp. $-2°$ Grundw.-Temp. $+6°$		Jahresmittel Luft- u. Grundw.-Temperatur $+8°$		Warmer Sommermonat Lufttemp. $+20°$ Grundw.-Temp.$+10$	
						$t_i - t_a = \Delta t$	Wärme-durchgang	$t_i - t_a = \Delta t$	Wärme-durchgang	$t_i - t_a = \Delta t$	Wärme-durchgang	$t_i - t_a = \Delta t$	Wärme-durchgang
1	2	3	4	5	6	7	8	9	10	11	12	13	14
1	Bohlendecke	$\frac{d^2 \cdot \pi}{4}$	79	2,0	3790	45	170550	27	102330	17	64430	5	18950
2	Ringfläche, a	$2 \cdot d \cdot \pi$	63	0,91	1380	45	62100	27	37260	17	23460	5	6900
3	„ ,b	$2 \cdot d \cdot \pi$	63	0,54	820	45	36900	27	22140	17	13940	5	4100
4	„ ,c	$1,5\, d \cdot \pi$	47	2,06	2320	21	48720	19	44080	17	39440	15	34800
5	Sohltrichter	$\frac{d \cdot \pi \cdot s}{2}$	95	2,59	5900	21	123900	19	112100	17	100300	15	88500
6	Tägliche Wärmeabgabe des Faulbehälters	für $\Delta t \cdot 1°$			14210		bei $-20°\cdot 442170$		bei $-2°\cdot 317910$		bei $+8°\cdot 241570$		bei $+20°\cdot 153250$
7	Täglicher Gas-verbrauch zum Ausgleich der Wärmeabgabe	für den ganzen Behälter					bei $-20°\cdot 147,4$		bei $-2°\cdot 106,0$		bei $+8°\cdot 80,5$		bei $+20°\cdot 51,1$
8		in cbm für 1cbm Faulrauminhalt					bei $-20°\cdot 0,295$		bei $-2°\cdot 0,212$		bei $+8°\cdot 0,161$		bei $+20°\cdot 0,102$

den Wärmeverluste allein durch die Wärme des eingebrachten Frischschlammes ersetzt wird. Nach Sp. 6 Zeile 6 der Tab. 11 beträgt der Wärmeverlust bei 1° Unterschied zwischen Innen- und Außentemperatur rd. 14000 WE. Bei einem getrennten Faulbehälter der hier angenommenen Art muß man zur ausreichenden Ausfaulung in unserem Klima mindestens 40 bis 50 l Faulrauminhalt je Einwohner rechnen, d. h. es können höchstens 12500 Einwohner an den 500 m³ großen Faulbehälter angeschlossen werden für die unseren Untersuchungen zugrunde liegenden Normalverhältnisse eines täglichen Frischschlammanfalles von 1 l je Einwohner mit 95% Wassergehalt. Es werden dann täglich 12,5 m³ Frischschlamm in den Behälter gepumpt, die bei Abkühlung um 1° 12500 WE an den Behälterinhalt abgeben können. Diese Zahl entspricht ungefähr dem täglichen Wärmeverlust des Behälters bei 1° Temperaturdifferenz zur Umgebung. Für jeden Grad Celsius, den man die Temperatur des Faulrauminhaltes über der Temperatur der Außenluft halten will, muß daher die Temperatur des eingebrachten Frischschlammes um einen Grad über der Faulraumtemperatur liegen, oder mit anderen Worten, *die Faulraumtemperatur dieses Faulbehälters wird sich stets ungefähr auf die Mitte zwischen Luft- und Abwassertemperatur einstellen.* Also bei 12° Abwasser- und 6° Lufttemperatur werden im Faulraum etwa 9° C herrschen, bei 15° Abwasser und 8° Luft etwa 11,5° und bei 9° Abwasser und —2° Luft etwa 4 bis 5° C. In sehr kalten Zeiten wird daher in diesen Behältern die Zersetzung ganz aufhören, während zu gleicher Zeit bei zweistöckigen Kläranlagen und gleichwertigen Konstruktionen wie das schon erwähnte neue Becken in Essen-Frohnhausen die Faulraumtemperatur von etwa 8° noch eine leidliche Zersetzung des Schlammes ermöglicht[1]). Betreibt man einen solchen Behälter

Leitungen einem tiefliegenden Sammelbehälter zufließt, von dem er alle paar Tage in den Faulbehälter gepumpt wird, findet schon eine wesentliche Auskühlung des Frischschlammes statt, bevor er mit dem Faulschlamm gemischt wird.

c) für einen freistehenden, allseitig gut gegen Wärmeverluste isolierten Faulbehälter.

Nun zurück zum künstlich beheizten Faulraum: Bei der Bedeutung, die hierbei der Auskühlung des Faulschlammes nach den bisherigen Berechnungen zukommt, muß angestrebt werden, diese Wärmeverluste durch möglichst weitgehende und allseitige Isolierung noch weiterhin einzuschränken, und dies kann ohne wesentliche Mehrkosten nochmals bis auf die Hälfte des vorstehend berechneten Wertes geschehen. Mit den Baukosten für eine Eisenbetongasfanghaube unter dem Schlammspiegel und für die obere Bohlenabdeckung kann man eine gasdichte Eisenbetonplattenbalkendecke oberhalb des Schlammspiegels errichten, die an der Unterseite der Balken eine dünne Korkstein- oder Bimsdielendecke trägt, wie in Abb. 17 schematisch dargestellt.

An der Oberseite ist die Decke mit einer 2 cm starken Asphaltlage auf 8 cm starker Bimsbetonschicht belegt. Be-

---

[1]) Auch diese Berechnung kann durch Literaturangaben aus der Praxis nachgeprüft werden. Im »Technischen Gemeindeblatt« 27. Jahrg., Nr. 21 v. 5. 2. 25 gibt Dr. Kusch in einem Aufsatz über »Zweistöckige Absitzbecken oder getrennte Schlammfaulbehälter« an, daß in Hildesheim bei +3½° Luftwärme im Dezember und +14,5° Abwasserwärme die Temperatur des Schlammes im getrennten Schlammfaulraum etwa +9° C betragen habe, also gerade in der Mitte zwischen Luft- und Abwassertemperatur lag. Der dargestellte Faulbehälter ist ein runder, mit Erdböschung geschützter Eisenbetonbehälter, dessen Oberfläche mit Holzbohlen abgedeckt ist, genau wie oben untersucht.

triebsbedenken gegen eine solche Bauausführung im Hinblick auf Knallgasbildung brauchen bei ordnungsmäßiger Bewirtschaftung des Faulraumes nicht zu bestehen. Mit den Materialstärken und Wärmeleitzahlen, wie sie in dem Schema der

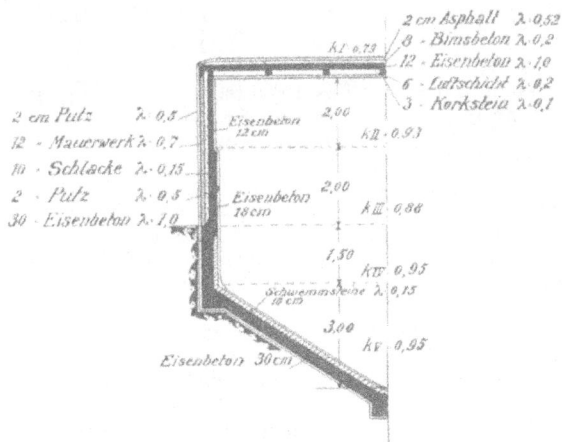

Abb. 17. Abmessungen eines freistehenden, gut gegen Wärmeverluste isolierten Faulbehälters von 500 m³ Inhalt mit einer massiven gasdichten oberen Abdeckung, mit Wärmeleitzahlen λ und Wärmedurchgangskoeffizienten k.

Abb. 17 angegeben sind, errechnet sich die Wärmedurchgangszahl k_I für die Decke aus

$$\frac{1}{k} = \frac{1}{7,5} + \frac{1}{13} + \frac{0,02}{0,52} + \frac{0,08}{0,20} + \frac{0,12}{1,0} + 0,2 + \frac{0,03}{0,10} = 1,25$$

zu $k_{II} = 0,79\ WE/m^2/h^0\ C$.

Hierin ist nach Brabbée für den Widerstand der 6 cm starken Luftschicht unter Berücksichtigung eines Abzuges für die Balken der Plattenbalken der Wert 0,20 eingesetzt.

Für das aufgehende Mauerwerk der Ringfläche F_{II} und F_{III} habe ich eine Verbesserung des Wärmeschutzes durch ein außen vorgesetztes 12 cm starkes Mauerwerk und Ausfüllung des 10 cm breiten Zwischenraumes mit trocken zu haltender Schlacke angenommen. Dafür kann die Stärke des Eisenbetonringes von 20 bzw. 30 auf 12 bzw. 18 cm eingeschränkt werden, da die zu übertragenden Ringkräfte doch vom Eisen allein aufzunehmen sind. Auf diese Weise entstehen auch hier durch den größeren Wärmeschutz keine nennenswerten Mehrkosten.

Mit den in Abb. 17 angegebenen Materialstärken und Wärmeleitzahlen ist

$$\frac{1}{k_{II}} = \frac{1}{300} + \frac{1}{13} + \frac{0,02}{0,5} + \frac{0,12}{1,00} + \frac{0,1}{0,15} + \frac{0,12}{0,7} = 1,08,$$

d. h. $k_{II} = 0,93$ und für 18 cm Eisenbetonstärke $k_{III} = 0,88$. Die im Grundwasser liegenden Flächen F_{IV} und F_V werden am zweckmäßigsten durch eine innen aufgelegte 10 cm starke Schicht von Hochofenschwemmsteinen oder ähnlichem Material wärmeisoliert. Die Eisenbetonstärke habe ich hier durchweg auf 30 cm anstatt teilweise 40 cm bei der nicht isolierten Ausführung eingeschränkt. Es ist für beide Flächen F_{IV} und F_V

$$\frac{1}{k} = \frac{1}{300} + \frac{1}{500} + \frac{0,02}{0,5} + \frac{0,1}{0,15} + \frac{0,3}{1,0} + \frac{0,02}{0,5} = 1,05,$$

d. h. $k_{IV} = k_V = 0,95\ WE/m^2/h^0\ C$.

Damit sind alle Faktoren zur Durchführung der Wärmeverlustberechnung in der folgenden Tabelle 12 bestimmt.

Durch die bessere Isolierung geht also für den Jahresdurchschnitt bei 8° Lufttemperatur der tägliche Wärmeverlust von 589 220 WE des offenen Behälters auf 241 570 — d. h. auf weniger als die Hälfte beim eingeschütteten — und bei 127 440 WE — d. h. auf weniger als ein Viertel beim bestisolierten Behälter herunter. Eine genaue Berechnung der Baukosten für die verschieden weit gegen Wärmeverluste isolierten Faulbehälter zeigt, daß die Baukosten des offenen freistehenden Faulbehälters mit Gasfangtrichter unter dem Schlammspiegel und Schlammumwälzvorrichtung durch die Einschüttung mit Erde und die Abdeckung der Oberfläche mit Holzbohlen um rd. 10 % erhöht werden und daß man mit denselben um 10 % erhöhten Baukosten einen nach Abb. 17 weitgehend gegen Wärmeverluste isolierten Faulbehälter herstellen kann. Welche Bedeutung dieser Verringerung der Auskühlung für den Gasüberschuß und damit für die Wirtschaftlichkeit der künstlichen Schlammraumbeheizung hat, ist übersichtlich in den Zeilen 5, 8 und 11 der Tabelle 9 zusammengestellt. Aus der graphischen Auftragung der b- und c-Kurven in Abb. 18 ersieht man, daß bei der besseren Wärmeisolation im Jahresdurchschnitt (8°) stets mit einem Gasüberschuß zu rechnen ist, bei bester Isolation sogar auch ohne künstliche Schlammumwälzung noch während der kalten Wintermonate. Ein gelegentlicher Gasmangel während weniger sehr kalter Tage mit Lufttemperaturen bis —20° C ist für die Beheizung ohne Bedeutung, denn um die Temperatur des 500 m³ fassenden Faulbehälters um 1° herunterzubringen, müssen durch Auskühlung 500 000 WE abgegeben werden, wozu beim bestisolierten Faulbehälter nach Tabelle 11 und —20° C Lufttemperatur allein 2 Tage erforderlich sind.

Eine weitere Einschränkung der Wärmeverluste kann man dadurch erreichen, daß man die Berührungsflächen zwischen dem Faulbehälter und dem kalten Grundwasser durch Zwischenschalten einer fließenden Schicht wärmeren Abwassers verkleinert, wie das von selbst bei der schon

Tabelle 12. Allseitig gut wärmeisolierter Behälter von 500 m³.

	Fläche	Grösse der Fläche in qm	Wärme durchgangs zahl k	Wärmever lust 24 Std. bei $\Delta t = 1°$	Kälteste Tage Lufttemp. -20° Grundw.-Temp. +4°		Kalter Wintermonat Lufttemp. -2° Grundw.-Temp. +6°		Jahresmittel Luft- u. Grundw. Temperatur +8		Wärmer Sommermonat Lufttemp. +20° Grundw.-Temp. +10°	
					t_i-$t_a \cdot \Delta t$	Wärme durchgang	t_i-$t_a \cdot \Delta t$	Wärme durchgang	$t_i \cdot t_a \cdot \Delta t$	Wärme durchgang	$t_i \cdot t_a \cdot \Delta t$	Wärme durchgang
1	2	3	4	5	6	7	8	9	10	11	12	13	14
1	Gasdecke	$\frac{d^2 \pi}{4}$	79	0,79	1498	45	67 410	27	40 450	17	25 470	5	7490
2	Ringfläche a	$2 \cdot d \cdot \pi$	63	0,93	1406	45	63 270	27	37 960	17	23 900	5	7030
3	„ b	$2 \cdot d \cdot \pi$	63	0,88	1331	45	59 900	27	35 940	17	22 630	5	6650
4	„ c	$1,5 d \cdot \pi$	47	0,95	1072	21	22 510	19	20 370	17	18 220	15	16 080
5	Sohltrichter	$\frac{d \cdot \pi \cdot s}{2}$	95	0,95	2166	21	45 490	19	41 150	17	36 820	15	32 490
6	Tägliche Wärmeabgabe des Faulbehälters	für $\Delta t \cdot 1°$	7473			bei -20°	258 580	bei -2°	175 870	bei +8°	127 040	bei +20°	69 740
7	Täglicher Gas- verbrauch zum	für den ganzen Behälter				bei -20°	86,2	bei -2°	58,6	bei +8°	42,3	bei +20°	23,2
8	Ausgleich der Wärmeabgabe in cbm	für 1 cbm Faul- rauminhalt				bei -20°	0,172	bei -2°	0,117	bei +8°	0,085	bei +20°	0,046

erwähnten Anordnung der neuen Becken in Essen-Frohnhausen gegeben ist. Bei der künstlichen Beheizung eines solchen Beckenfaulraumes muß natürlich die Berührungsfläche zwischen Absitz- und Faulraum entgegen der normalen Ausführung ebenfalls wärmeisoliert werden. Je nach der in unserm Klima zwischen etwa 12 bis 20° schwankenden Jahresdurchschnittswärme des Abwassers wird dann das der Wärmeverlustberechnung zugrunde zu legende Temperaturgefälle von 17° C zwischen der Faulraum- und

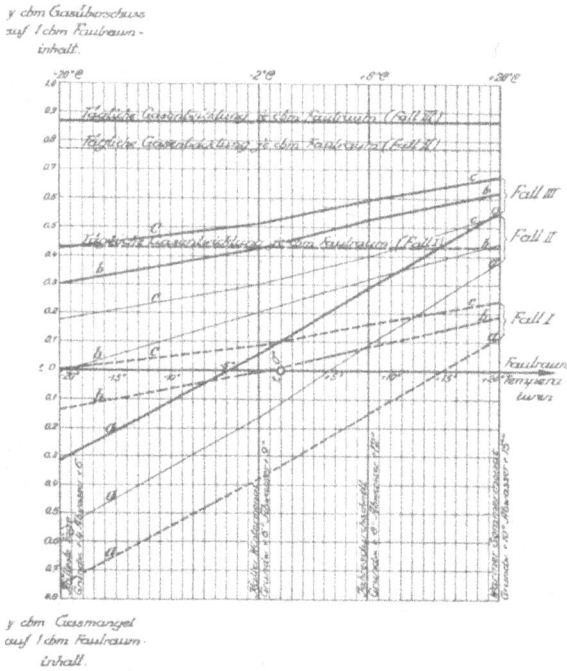

Abb. 18. Täglicher Gasüberschuß aus einem durch Verbrennen der Faulgase künstlich auf 25° C beheizten Schlammfaulraum für verschiedene Betriebsweisen und verschiedene Bauarten der Faulbehälter.

    I. Ausfaulung ohne künstliche Schlammumwälzung von 95% auf 80% Wassergehalt in 23 l Faulraumgröße je Einwohner mit 1 l täglichem Frischschlammanfall,
    II. wie I, doch mit künstlicher Schlammumwälzung bei 15 l Faulraumgröße,
    III. wie II, doch nahezu volle Ausfaulung bis 76% Wassergehalt mit 23 l Faulraumgröße,
      a) ungeschützter, freistehender und oben offener Behälter der Abb. 15,
      b) mit Erde eingeschütteter und mit Holzbohlen abgedeckter Behälter der Abb. 16,
      c) gut gegen Wärmeverluste isolierter freistehender Behälter mit massiver, über dem Schlammspiegel liegender Gasdecke nach Abb. 17.
Bei der künstlichen Beheizung gehen 3000 WE von 1 m³ verheizten Gases auf den Schlamm über. Der täglich einzubringende Frischschlamm ist je nach der Abwassertemperatur von 6 bis 12° C auf 25° zu erwärmen.

der Grundwassertemperatur von +8° C um 4 bis 12° ermäßigt. Dies bedeutet besonders bei wärmerem Abwasser eine erhebliche Wärmeersparnis, die aus den Tabellen 9, 11 und 12 im einzelnen zu entnehmen ist.

Dies Zusammenlegen von Absitzraum und Faulraum gibt weiterhin die Möglichkeit, den Frischschlamm auf kürzestem Wege aus dem Absitzraum unmittelbar in den Faulraum zu bringen, sodaß Temperaturverluste auf diesem Wege vermieden werden. Wie wichtig das Vermeiden jeglicher Auskühlung des Frischschlammes ist, geht besonders eindringlich aus den Zeilen 6 bis 11 der Tabelle 10 hervor, in denen ähnlich wie in den ersten Zeilen für den offenen Behälter geschehen auch für die bessere Isolierung der Tabellen 11 u. 12 die Gesamtwärmeverluste und die sich daraus ergebenden Gasüberschüsse, auf 1 m³ Faulrauminhalt gerechnet, zusammengestellt sind. Von besonderem Interesse sind hier die Werte in den Spalten 5, 9 und 13, die sich auf die Jahresdurchschnittstemperatur beziehen. Bei bester Isolierung und kleinster Faulraumgröße (Spalte 9 Zeile 2 u. 9) steht z. B. einem täglichen Gasverbrauch zur

Erwärmung des Frischschlammes von 288 l ein solcher zum Ausgleich der Wärmeverluste von nur 85 l — beide Werte für 1 m³ Faulrauminhalt gerechnet — gegenüber. Zur Frischschlammbeheizung ist also mehr als dreimal soviel Wärme als zum Ausgleich der Auskühlung aufzuwenden. Welche praktischen Schlußfolgerungen sind aus dieser Erkenntnis zu ziehen?

16. Vorbehandlung des Frischschlammes zur Einschränkung der zu seiner Erwärmung erforderlichen Gasmenge.

Der bisher übliche Weg, den Frischschlamm mit der Abwassertemperatur in den Faulraum einzuleiten und ihn erst dort gemeinsam mit dem Faulraum künstlich zu beheizen, ist wegen der schwierigen direkten Beheizung des Faulschlammes nicht wirtschaftlich, zumal wenn man als Träger der zuzuführenden Wärme, wie es vielfach üblich ist, kaltes Leitungswasser nimmt, das zunächst selbst erst mal auf 25° C erwärmt werden und mit dieser Temperatur wieder abgezogen werden muß. Wirtschaftlich richtiger ist es, wie ich an anderer Stelle schon empfohlen habe[1]), den Frischschlamm vor seinem Einbringen zunächst einmal selbst auf 25° direkt zu·erwärmen und dabei auf ihn weiterhin die geringe Wärmemenge zu übertragen, die zum Ausgleich der Behälterauskühlung dem Behälterinhalt zugeführt werden muß. In dem angezogenen Beispiel werden auf 1 m³ Behälterinhalt täglich $\frac{1000}{15} \cdot 1{,}0 = 66{,}6$ l Frischschlamm eingebracht, auf die neben ihrer eigenen Erwärmung noch $85 \cdot 3 = 255$ WE zu übertragen sind. Hierbei steigt die Temperatur des Frischschlammes nur um $\frac{255}{66{,}6}$ = rd. 4° auf 29° C. Mit dieser Temperatur wird der Schlamm dem Faulschlamm zugemischt, wobei keinerlei Schädigung der vergasenden Bakterien eintreten kann, die durch höhere Temperaturen von z. B. 50° und darüber nach den Sierp'schen Beobachtungen abgetötet werden. Beim bisherigen Weg der indirekten Beheizung mit Fremdwasser muß man zur Einschränkung des Wasserverbrauches das heiße Wasser mit 70 bis 80° C einleiten. Weiterhin lassen die obigen Zahlen es erstrebenswert erscheinen, die Wärme des täglich abzuziehenden Faulraumwassers nach Möglichkeit zur Vorbeheizung des neu einzubringenden Frischschlammes zu benutzen. Ein solches Verfahren lohnt sich natürlich nur bei großen Anlagen, ist aber dann von Bedeutung, denn auf 1 l einzubringenden Frischschlammes mit 95% Wasser sind nach Abb. 6 etwa $\frac{19-3}{19} = 0{,}85$ l Faulraumwasser abzuziehen, sodaß durch diese Vorbeheizung der künstliche Wärmeaufwand zur Beheizung des Frischschlammes um mehr als ⅓ eingeschränkt werden kann. Ein sehr wirksames Mittel zur weiteren Einschränkung dieses Wärmebedarfs besteht in der möglichst weitgehenden Eindickung des Frischschlammes durch Absetzen vor seiner Beheizung. Man wird dabei darauf zu achten haben, daß der Wassergehalt im Gesamtfaulraum nicht unter das für eine güte Zersetzung notwendige Maß heruntergeht, bzw. daß das Auswaschen der auf die Bakterien als Toxine wirkenden Zersetzungsstoffe durch das Wechseln des Schlammwassers noch in ausreichendem Maße geschieht. Der zur Beheizung des Frischschlammes nötige große Wärmeaufwand wird bei Schlamm von besonders hohem Wassergehalt, der sich auch durch Zusammensacken nicht vermindern läßt, dazu führen, daß man die Zersetzung zur Wärmeersparnis zweckmäßiger nacheinander in zwei Behältern mit verschieden hoher Temperatur durchführt. Auf die Bedeutung dieser Maßnahme komme ich weiter unten noch zurück.

---

[1]) Prüß, »Eine neue Frischwasserkläranlage für getrennte Schlammfaulung mit künstlicher Schlammumwälzung und künstlicher Beheizung«, Ges.-Ing. 1928, Heft 7.

17. Für den Verkauf verbleibender Gasüberschuß bei den verschiedenen Betriebsweisen und Bauarten des auf 25° beheizten Faulbehälters.

Vorerst soll die Wirtschaftlichkeit der 3 untersuchten verschiedenen Betriebsweisen für die 3 verschiedenen Bauweisen der Faulbehälter unter der bisherigen Voraussetzung miteinander verglichen werden, daß der mit 95% Wassergehalt eingebrachte Frischschlamm durch aus dem Faulbehälter entnommenes Faulgas beheizt wird. Maßgebend für die Wirtschaftlichkeit der verschiedenen Faulverfahren sind die Gasüberschüsse, die für die Jahresdurchschnittstemperaturen in der Tabelle 10 errechnet sind, also für 8° C Luft- und Grundwassertemperatur und 12° Abwassertemperatur. In der Abb. 19 sind die einzelnen Gasüberschüsse, die ich in der Tabelle 13 auf einen Einwohner und Tag

Abb. 19. Täglicher Überschuß bzw. Zuschuß bei der Schlammausfaulung nach Abzug aller Unkosten unter künstlicher Beheizung auf 25° C in Litern Faulgas je Einwohner im Jahresdurchschnitt, mit und ohne künstliche Schlammumwälzung bei verschieden guter Wärmeisolierung der Faulbehälter, verschieden weitgehender Ausfaulung und verschiedenen Gasverkaufspreisen für einen täglichen Frischschlammanfall je Einwohner von 1 l mit 95% Wassergehalt und 65% Organischem in der Trockensubstanz.
Fall I Ausfaulung ohne künstliche Schlammumwälzung bis 80% Wassergehalt,
   „ II wie I, doch mit künstlicher Schlammumwälzung,
   „ III wie II, doch nahezu volle Ausfaulung bis zu 76% H₂O,
1. ungeschützter, 2. mit Erde eingeschütteter und 3. gut gegen Wärmeverluste isolierter Faulbehälter (s. Abb. 18).
Der Abstand
   A. zwischen 0 und 4 zeigt den ganzen täglichen Gasanfall;
   B. zwischen 4 und 1, 2 und 3 zeigt die Gasmenge, die täglich verheizt werden muß, um den Frischschlamm von 12° auf 15° zu erwärmen und um die Wärmeabgabe des Faulbehälters an die Umgebung auszugleichen, wobei von 1 m³ Faulgas praktisch 3000 WE auf den Schlamm übergehen sollen;
   C. zwischen 0 und 1, 2 und 3 zeigt den verbleibenden Gasüberschuß;
   D. zwischen 0 und den mit a, b, c und d bezeichneten Linien gibt die täglichen Kosten für Verzinsung und Tilgung des Anlagekapitals sowie für Unterhaltung des Faulbehälters (zusammen 10% der Bausumme im Jahr) und die Betriebskosten an, umgerechnet auf den Wert von 1 l Gas bei einem Verkaufspreis von 10, 8, 6 und 4 Pf/m³ Gas;
   E. zwischen den Linien nach C und nach D gibt den täglichen Gewinn bzw. den täglich erforderlichen Zuschuß für Schlammausfaulung je Einwohner an, ausgedrückt in Litern Gas bei einem Verkaufspreis von 4 bis 10 Pf/m³.

umgerechnet habe, nochmals nebeneinander gestellt, und zwar links auf den Abszissen 15 und 23 l die beiden Fälle mit künstlicher Schlammumwälzung mit kurzer und langer Faulzeit und rechts danach die Werte für ruhenden Faulraum von 23 l Größe und Ausfaulung bis 80% Wassergehalt.

18. Wirtschaftlichkeit der künstlichen Faulraumbeheizung bei 10% der Bausumme an jährlichen Unkosten für Kapitaldienst und Unterhaltung und bei einem Gasverkaufspreis von 4 bis 10 Pf./m³.

Es ist nun zu untersuchen, wie der Verkaufserlös aus den überschüssigen Gasmengen bei verschiedenen Einheitspreisen des Gases sich zu den durch die Schlammausfaulung entstehenden Unkosten verhält. Diese bestehen erstens aus

den jährlichen Unkosten für Verzinsung und Tilgung des Anlagekapitals für den eigentlichen betriebsfertigen Faulraum und dessen Unterhaltung, wofür zusammen 10% der Bausumme gerechnet werden sollen. Diese betragen für 1 m³ betriebsfertigen Faulraum einschl. Beheizungseinrichtung und der Vorrichtung zur künstlichen Schlammumwälzung zur Zeit — und zwar reichlich hoch gerechnet — etwa 80 M., für den Fall III ohne künstliche Umwälzvorrichtung etwa 75 M., sodaß diese ersten Jahreskosten für den 500 m³ großen Faulraum bei 40000 bzw. 37500 M. Anlagekosten 4000 bzw. 3750 M. betragen. Die geringen Unterschiede für verschieden weitgehende Wärmeisolierung der Behälter sind dabei vernachlässigt. An weiteren Unkosten sind die Strom- und Schmiermittelkosten für den einen Schraubenschaufler auf 500 m³ Faulrauminhalt zu

Tabelle 13.

Täglicher Gasüberschuß im Jahresdurchschnitt auf je einen an den Faulbehälter angeschlossenen Einwohner gerechnet.

Zeile	Art der Wärmeisolierung	Maßeinheiten	Fall I 23 l ohne künstl. Umwälzung 43,5 Einwohn./m³	Fall II 15 l mit Umwälzung 66,6 Einwohn./m³	Fall III 23 l mit künstl. Umwälzung 43,5 Einwohn./m³
1	Freistehender oben offener Behälter	je m³ in m³	− 0,146	+ 0,092	+ 0,289
		je Einw. in l	− 3,36	+ 1,38	+ 6,65
2	Eingeschütteter Behälter mit Bohlenabdeckung	je m³ in m³	+ 0,086	+ 0,324	+ 0,529
		je Einw. in l	+ 2,30	+ 4,86	+ 12,14
3	Allseitig geschlossener und wärmeisolierter Behälter	je m³ in m³	+ 0,162	+ 0,400	+ 0,597
		je Einw. in l	+ 3,72	+ 6,00	+ 13,72
4	Gasentwicklung je Einwohner	in l	10,0	11,6	20,0

ermitteln, der täglich 2 Std. mit 3-kW-Belastung läuft und im Jahre daher 2 · 3 · 365 = 2100 kWh Strom verbraucht, wofür 0,10 h je kWh gerechnet seien. Einschl. Schmiermittel sind also etwa 250 M. Jahreskosten hinzuzurechnen, so daß insgesamt für Fall I und II 4000 + 250 = 4250 M. und für Fall III 3750 M. im Jahr für den ganzen Behälter von 500 m³ auszugeben sind. Weitere Unkosten für Schlammpumpen und Bedienung sollen nicht in Rechnung gestellt werden, da diese Kosten auch bei Unterbringung des Frischschlammes in mindestens derselben Höhe aufzuwenden sind.

Bei 15 l Faulrauminhalt je Einwohner im Fall I sind daher je Tag $\frac{4250 \cdot 100 \cdot 15}{365 \cdot 500000} = 0{,}035$ Pf. je Einwohner auszugeben, im Fall II $\frac{0{,}035 \cdot 23}{15} = 0{,}0536$ Pf. und für Fall III $\frac{0{,}0536 \cdot 3750}{4250} = 0{,}0473$ Pf. Um diese Zahlen in ein Verhältnis zu den Gasüberschüssen der Abb. 19 setzen zu können, sollen sie in Liter Gas umgerechnet werden, und zwar für Verkaufspreise von 4 bis 10 Pf. je m³ Rohgas, d. h. 0,004 bis 0,01 Pf. je l Gas. Man erhält so die folgende Tabelle 14. Diese Werte sind nun als dünn gezeichnete Linien in die Abb. 19 eingetragen und geben so die Möglichkeit, für jeden der 4 Gaspreise und jeden der 3 · 3 = 9 verschiedenen Betriebsfälle ein weiteres den täglichen Überschuß bzw. Zuschuß je Einwohner in Litern Gas abzugreifen, aus denen man durch Multiplikation mit dem Gaspreis den täglichen Geldbetrag in Pfennigen erhält. Das hervorstechendste Ergebnis dieser Untersuchung ist das, daß **ohne künstliche Schlammumwälzung die Ausfaulung trotz künstlicher Beheizung auch bei bester Isolierung des Faulbehälters Zuschüsse** verlangt, während mit künstlicher Schlammumwälzung sich das Verfahren schon bei einem Gaspreis von nur 6 Pf. ab selbst bei nur teilweiser Ausfaulung bis 80% H₂O und bei voller Schlammausfaulung selbst noch bei einem Gaspreis von 4 Pf. selbst trägt. Man wird also aus wirtschaftlichen Gründen bei künstlicher Faulraumbeheizung noch weniger auf die künstliche Schlammumwälzung verzichten können als bei unbeheizten Faulräumen. Weiterhin geht aus diesen Kurven mit besonderer Eindringlichkeit die Bedeutung einer guten und allseitigen Wärme-

Tabelle 14.

Betriebsart	Unkosten in l Gas je Tag und Kopf bei einem Gaspreis von			
	4	6	8	10Pf./m³
Fall II: 15 l/Kopf Faulraumgröße mit künstl. Schlammumwälzung . . .	8,74	5,82	4,38	3,50
Fall III: 23 l/Kopf Faulraumgröße mit künstl. Schlammumwälzung . . .	13,42	8,96	6,70	5,36
Fall I: 23 l/Kopf Faulraumgröße ohne künstl. Schlammumwälzung . . .	11,80	7,87	5,91	4,73

isolierung der Faulbehälter hervor, deren Mehrkosten im Vergleich zu ihrer Wirkung als unwesentlich zu bezeichnen sind. Der bisher oft angewandte freistehende oben offene Eisenbetonfaulbehälter erweist sich für die künstliche Beheizung selbst mit künstlicher Schlammumwälzung als sehr unwirtschaftlich und daher ungeeignet.

Ein solcher 500 m³-Behälter erfordert z. B. bei einem Gaspreis von 8 Pf. ohne künstliche Schlammumwälzung für 21739 Einwohner einen jährlichen Kostenaufwand von

$$\frac{9,1 \cdot 0,008 \cdot 365 \cdot 21739}{100} = 5770 \; M. \; d. \; h. \; für \; 33333 \; Ein-$$

wohner 7800 M., während bei bester Isolierung desselben Behälters mit künstlicher Schlammumwälzung für 33333 Einwohner beim selben Gaspreis und unter Berücksichtigung der Bau- und Betriebskosten noch ein jährlicher Überschuß von

$$\frac{7,0 \cdot 0,008 \cdot 365 \cdot 33333}{100} = rd. \; 6200 \; M. \; bleibt. \; Bei \; der \; künst-$$

lichen Faulraumbeheizung läßt sich also durch bessere Isolierung und Durchführung der künstlichen Schlammumwälzung in einem 500 m³ großen Faulbehälter gegenüber der heute noch meist üblichen Bau- und Betriebsart jährlich eine Summe von 7800 + 6200 = 14000 M. bei einem Gasverkaufspreis von 8 Pf./m³ ersparen, das sind auf jeden Einwohner

$$\frac{14000}{33333} = 42 \; Pf./Jahr.$$

Der Jahresüberschuß von 6200 M., d. h. $\frac{6200}{33333}$

= 18,5 Pf. je Einwohner bei gut isoliertem Faulraum mit Umwälzung reicht aus, um den Bau und Betrieb der Anlagen zur eigentlichen Abwasserreinigung und zur Trocknung und Unterbringung des Faulschlammes voll zu finanzieren. In allen Fällen also, in denen die Möglichkeit gegeben ist, die Faulgase zu 8 Pf./m³ ab Kläranlage zu verkaufen, entstehen einer Gemeinde daher durch die mechanische Reinigung ihrer Abwässer bei neuzeitlicher Betriebsweise ihrer Kläranlage keine auf die Einwohner umzulegenden Jahreskosten. Die Gewinnung und Unterbringung von Frischschlamm unter Verzicht auf Rückeinnahmen durch die Gasgewinnung ist unter diesen Umständen wirtschaftlich nicht mehr zu vertreten.

19. Wirtschaftlichkeit der Schlammausfaulung bei kostenloser Beheizung des Faulraumes durch das Abwasser.

Von besonderem Interesse ist nun die Frage, wie sich bei denselben Berechnungsgrundlagen die Wirtschaftlichkeit der Ausfaulung bei normaler Abwassertemperatur stellt,

um daraus erkennen zu können, wann sich die Durchführung der künstlichen Beheizung lohnt und wann nicht. Ich werde im folgenden diesen Vergleich für die schon erwähnten neuen Becken der Kläranlage Essen-Frohnhausen durchführen, in deren Faulräumen dieselben günstigen Temperaturverhältnisse herrschen wie bei zweistöckigen Kläranlagen und in denen sich gleichzeitig die Beschleunigung der Schlammzersetzung durch künstliche Schlammumwälzung am besten betreiben läßt.

In der Abb. 11 sind bereits die Faulraumgrößen für alle Temperaturen von 7,5 bis 25° angegeben, die je Einwohner (1 l Frischschlamm täglich) nötig sind, um den Schlamm mit künstlicher Umwälzung von 95% Anfangswassergehalt auf 80 bzw. 76% Wassergehalt auszufaulen. Die hierfür nötigen »reduzierten Faulzeiten« zeigen die Kurven. Die zu diesen Faulzeiten gehörenden Gasmengen in Litern je Kopf und Tag sind aus dem Kurvenbündel der Abb. 10 zu entnehmen, sie sind außerdem neben den Kurven der Abb. 11 angegeben.

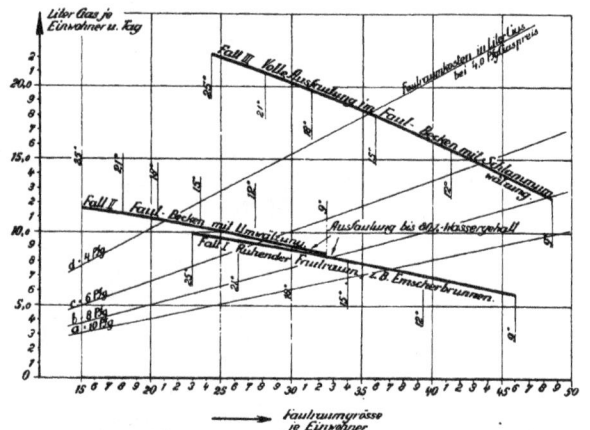

Abb. 20. Täglicher Überschuß bzw. Zuschuß bei der Schlammausfaulung nach Abzug aller Unkosten unter natürlicher kostenloser Beheizung des Schlammfaulraumes durch das warme Abwasser, im übrigen unter denselben Voraussetzungen wie in Abb. 19 für künstliche Beheizung dargestellt.

In Abb. 20 habe ich nun als Abszisse die zu den verschiedenen Temperaturen von 9 bis 25° C gehörigen Faulraumgrößen je Einwohner angegeben und als zugehörige Ordinate die im Jahresdurchschnitt je Einwohner zu erwartende tägliche Gasmenge aufgetragen. Es entstehen so für die beiden angenommenen Ausfaulgrade die beiden Gasanfallinien II und III. Die Linie I gibt dieselben Werte für ruhenden Faulraum an, wie er bei zweistöckigen Kläranlagen üblich ist. Die punktierten Geraden 4, 6, 8 und 10 geben nun wieder ähnlich wie in Abb. 19 die auf den Einwohner je Tag umgerechneten Jahreskosten der Schlammausfaulung, umgerechnet in Liter Gas zu 4 bis 10 Pf. Verkaufspreis an. Dabei ist mit einer Bausumme des getrennten Faulbeckens Essen-Frohnhausen von 70 M. je m³ gerechnet, da die Beckenaußenwand zum Teil ja gleichzeitig als Wand des Absitzraumes dient, auf den ein Kostenanteil zu verrechnen ist und weil außerdem die Einrichtungen zur künstlichen Beheizung fortfallen.

Für einen 500 m³-Behälter werden daher die Jahreskosten bei wieder 10% Zins, Tilgung und Unterhaltung 0,1 · 500 · 70 = 3500 M. Außerdem sind für den Betrieb des Schraubenschauflers im Jahr wieder 250 M. aufzubringen, sodaß insgesamt die Summe von 3750 M. auf die bei den verschiedenen Temperaturen und Betriebsweisen anzuschließenden Einwohner zu verteilen sind. Für einen ruhenden Faulraum einer zweistöckigen Kläranlage fallen zwar die Bau- und Betriebskosten für die Umwälzvorrichtung fort, dafür sind aber die eigentlichen Baukosten erheblich höher, sodaß mit denselben Jahreskosten gerechnet werden kann. Für 10 Pf. Gaspreis und 15° Schlammraumtemperatur entspr. 36 l Faulraumgröße je Einwohner errechnen sich danach z. B. die Jahresunkosten

je Einwohner zu $\frac{3750 \cdot 100 \cdot 36}{500000 \cdot 365 \cdot 10} = 7,4 \; l \; Gas, \; das \; sind \; bei$

8 Pf. Gaspreis 9,25 l, bei 6 Pf. 12,3 l und bei 4 Pf. Gaspreis 18,5 l, wie in Abb. 18 aufgetragen.

Soweit diese Unkostenlinien unterhalb der Gaskurven liegen, ergibt der untersuchte Fall einen Überschuß, soweit sie darüber liegen, sind Kosten aufzubringen, die je Einwohner und Tag durch Multiplikation des aus der Abb. 20 abzugreifenden Abstandes zwischen den zusammengehörigen Kurven mit dem jeweiligen Gaspreis zu berechnen sind. Für die Jahresdurchschnittstemperaturen 9, 12, 15, 18 und 21° des Faulraumes ist das Ergebnis dieser Rechnung in der folgenden Tabelle 15 für die 3 untersuchten Betriebsfälle zusammengestellt.

Tabelle 15.

Gaspreis in Pf./m³	Gasüberschuß im l je Kopf und Tag bei nicht künstlich beheiztem Faulraum bei einer Faulraumtemperatur von					Gasüberschuß im l je Kopf/Tag bei künstlicher Beheizung auf 25° mit Schlammumwälzung	
	21°	18°	15°	12°	9°		
1	2	3	4	5	6	7	
A. Volle Ausfaulung bis 76% H₂O mit Schlammumwälzung.							
10	+16,1	+13,4	+11,0	+7,0		+8,3	
8	+14,7	+11,8	+9,2	+5,0		+6,8	
6	+11,3	+9,2	+6,2	+1,5		+4,4	
4	+6,5	+3,7	+0,4	—5,4		+0,3	
B. Faulung bis 80% Wassergehalt mit Umwälzung.							
10	+7,4	+6,5	+5,3	+3,9	+1,9	+2,5	
8	+6,6	+5,5	+4,2	+2,3	+0,2	+1,4	
6	+5,2	+3,6	+2,3	+0,2	—2,5	+0,2	
4	+3,8	+0,2	+1,8	—4,5	—8,1	—2,7	
C. Faulung bis 80% Wassergehalt ohne Umwälzung.						mit künstl. Umwälzg.	ohne künstl. Umwälzg.
10	+3,9	+2,6	+1,1	—1,0	—3,6	+2,5	—1,0
8	+2,7	+1,1	—0,5	—3,0	—6,0	+1,4	—2,1
6	+0,5	—1,4	—3,4	—6,4	—9,7	+0,2	—4,0
4	—4,0	—6,5	—9,4	—13,0	—17,8	—2,7	—8,0

20. Vergleich der Wirtschaftlichkeit eines Faulbehälters ohne künstliche Beheizung und eines durch Verheizen von Faulgas künstlich auf 25° C gehaltenen Faulraumes.

In der Sp. 2 der Tabelle 15 sind zum Vergleich die Gasüberschüsse für einen künstlich auf 25° beheizten Faulraum aufgetragen, dem der Frischschlamm im Jahresdurchschnitt mit 12° Temperatur zugeleitet wird. Der dick gedruckte gestaffelte Strich in dieser Tabelle gibt die Abwassertemperatur im Jahresdurchschnitt an, oberhalb welcher sich für die verschiedenen Gaspreise die Durchführung der künstlichen Beheizung unter den obigen Annahmen wirtschaftlich nicht lohnt. Es zeigt sich als ein wichtiges Ergebnis der bisherigen Rechnung, daß im Vergleich zum ruhenden Faulraum günstigster Bauart, wie er bisher z. B. im Emscherbrunnen bekannt und gebräuchlich war, die künstliche Beheizung ohne künstliche Schlammumwälzung je nach dem zu erzielenden Gaspreis bei Abwassertemperaturen unter 18 bis 15° C wirtschaftlicher ist. Wird jedoch im künstlich beheizten Faulraum der Schlamm — was stets geschehen sollte — gleichzeitig künstlich umgewälzt, so ist — wie nicht anders zu erwarten — die künstliche Beheizung bei allen Temperaturen unter etwa 20°, d. h. praktisch in allen Fällen wirtschaftlich überlegen. Das Maß dieser Überlegenheit geht aus dem Vergleich der Gaszahlen z. B. für eine durchschnittliche Abwassertemperatur von 12° C und für künstlich beheizten Faulraum hervor und beträgt z. B. für 8 Pf. Gaspreis je Einwohner und Jahr (3,0 + 1,4) · 0,0008 · 365 = 13 Pf. Ersparnis durch die künstliche Beheizung mit Schlammumwälzung. Anders liegen die Verhältnisse, wenn man auch im unbeheizten Faulraum schon mit künstlicher Schlammumwälzung arbeitet. Wie die Zahlen unter B der Tabelle 14 für dieselbe Ausfaulung bis 80% Wassergehalt zeigen, lohnt sich hier bei einem Gaspreis von 6 bis 8 Pf./m³ die künstliche Beheizung erst bei einer jährlichen Durchschnittstemperatur des Abwassers von unter 10 bis 11° C, d. h. in unserm Klima wird die künstliche Faulraumbeheizung nur in den seltensten Fällen Vorteile bringen, man erreicht einen gleichen wirtschaftlichen Effekt gegenüber den zweistöckigen Kläranlagen bisheriger Bauart auf betriebstechnisch einfachere Weise durch Einführung der künstlichen Schlammumwälzung, die weniger Sorgfalt in der Behandlung der Faulräume verlangt als die Beheizung. Die Ersparnis je Kopf und Jahr durch die künstliche Schlammumwälzung allein beträgt z. B. nach Sp. 6 der Tabelle 14 für 12° Abwassertemperatur und 8 Pf. Gasverkaufspreis (5,0+3,0) · 0,008 · 365 = 23,3 Pf., d. h. einen sehr erheblichen Bruchteil der heute für die Abwasserreinigung aufzubringenden Jahreskosten. Bei voller Schlammausfaulung und z. B. 15° Abwassertemperatur beträgt der Jahresverdienst aus der Schlammfaulung mit künstlicher Umwälzung bei 8 Pf./m³ Gaspreis 9,2 · 0,008 · 365 = rd. 28 Pf., womit die noch verbleibenden Kosten der Kläranlage reichlich gedeckt werden können. Bei Bemessung des voraussichtlich zu erzielenden Gasverkaufspreises darf nicht übersehen werden, daß oft der Preis durch die Kosten einer längeren Zubringerleitung zum Gasometer gedrückt wird.

21. Steigerung der Wirtschaftlichkeit der künstlichen Faulraumbeheizung durch Ausnutzung von Abfallwärme.

Diese Vergleichszahlen gelten naturgemäß nur unter den oben gemachten Voraussetzungen, insbesondere für Durchführung der künstlichen Beheizung durch Verbrennen eines Teiles der gewonnenen Faulgase. Steht jedoch für die künstliche Beheizung Abfallwärme billig oder gar ganz umsonst zur Verfügung, so verschiebt sich das wirtschaftliche Bild vollständig, weil dann ja größere Gasmengen für den Verkauf frei werden. Abfallwärme kann z. B. im Kondensatorkühlwasser einer benachbarten Kraftzentrale, von einer benachbarten Gasanstalt oder einem industriellen Werk usw. geliefert werden. Es liegt sehr günstig, daß die Abfallwärme bis zu der verhältnismäßig niedrigen Temperatur von 25° herunter ausgenutzt werden kann. Die städtischen Verwaltungen sollten daher nach Erkennung dieser Zusammenhänge bei Neuanlagen stets anstreben, Kläranlagen und solche Abfallwärme liefernde Werke zusammenzulegen. Es handelt sich dabei um verhältnismäßig kleine Wärmemengen, die auf den Schlamm übergehen müssen. Sie beträgt nach Tabelle 10 Zeile 10 bei gut isoliertem Faulbehälter je Einwohner und Tag im Jahresdurchschnitt um $\frac{0,373 \cdot 3000}{6,66} = 16,8$ WE bei Ausfaulung bis 80% H₂O und $\frac{0,273 \cdot 3000}{4,35} = 18,8$ WE bei voller Ausfaulung, beides natürlich mit künstlicher Schlammumwälzung. Dafür beträgt dann, falls die Abfallwärme umsonst geliefert wird, unabhängig von der Temperatur des Abwassers und der Luft der jährliche Gewinn aus der Schlammfaulung nach Abb. 19 bzw. Tabelle 14 (11,6 — 4,38) · 0,008 · 365 = 21 Pf. bzw. (20 — 6,70) · 0,008 · 365 = 39 Pf. für die beiden genannten Fälle, wodurch die Kläranlage sogar zu einer Einnahmequelle für die Gemeinde werden kann. Ohne künstliche Schlammumwälzung beträgt der Jahresüberschuß unter denselben Verhältnissen nur (10 — 5,91) · 0,008 · 365 = 12 Pf./Einwohner.

22. Kraftgewinnung aus den Faulgasen und dabei anfallende Abwärme.

Steht solch billige Abwärme nicht anderweitig zur Verfügung, so kann man sie auf etwas größeren Kläranlagen, für die ein maschinentechnisch geschulter Wärter bezahlt werden kann, durch Krafterzeugung in Gaskraftmaschinen selbst gewinnen. Wie schon weiter oben erwähnt, genügen 2500 WE zur Erzeugung einer PSh. Aus einem 500 m³ fassenden Faulbehälter fallen nach Tab. 7 täglich 386 bzw. 435 m³ Gas an, je nach dem Grad der Ausfaulung und der angeschlossenen Einwohnerzahl von 33330 bzw. 21739.

Das entspricht 386 · 6000 = 2316000 bzw. 2610000 WE/Tag, woraus sich 925 bzw. 1040 PSh gewinnen lassen, d. h. auf je 1000 Einwohner 28 bzw. 48 PSh. Je nach der täglichen Betriebsstundenzahl lassen sich stündlich auf 1000 Einwohner gerechnet 3,5 bzw. 6 PS bei 8 täglichen Betriebsstunden und 1,15 bzw. 2 PS im Dauerbetrieb von 24 h gewinnen. In diesem Zusammenhang sei daran erinnert, daß zum Betrieb einer gut gebauten Belebtschlammanlage auf 1000 Einwohner höchstens 1 PS Maschinenleistung erforderlich ist, während bei der vollen Ausfaulung des Schlammes ständig 2 PS für 1000 Einwohner zur Verfügung stehen. Dabei handelt es sich nur um den Schlamm aus der Vorreinigung. Wird auch der überschüssige Belebtschlamm ausgefault, so wird etwa die doppelte Anzahl von PS je 1000 Einwohner gewonnen, sodaß von der Kläranlage noch Kraft, z. B. für Abwasserpumpen oder ins Netz, abgegeben werden kann. In der Kraftmaschine werden nun je PSh etwa 800 WE ans Kühlwasser abgegeben, etwa dieselbe Wärmemenge ist außerdem in den Auspuffgasen enthalten, die zusammen an täglicher Abwärmemenge 925 · 1600 = 1480000 bzw. 1040 · 1600 = 1660000 WE für den Gasanfall aus einem 500 m³-Behälter. Nach Zeile 10 der Tabelle 9 sind im Jahresdurchschnitt zur künstlichen Beheizung je Tag für den 500 m³-Behälter mit Frischschlammerwärmung 0,373 · 3000 · 500 = 560000 bzw. 0,273 · 3000 · 500 = 410000 WE nötig. Die aus der verfügbaren Abwärme praktisch auf den Schlamm zu übertragende Wärmemenge reicht also besonders für den Fall der vollen Schlammausfaulung für die künstliche Beheizung auch in einer Stufe reichlich aus. Da die im hochwertigen Faulgas enthaltene Energie sich leicht in Gasbehältern speichern und in verhältnismäßig billigen Maschinenanlagen in elektrischen Strom umsetzen läßt, dürfte bei größeren Kläranlagen der Verkauf von höher bezahltem Spitzenstrom einen aussichtsreichen Weg zur weiteren Steigerung der Wirtschaftlichkeit darstellen.

23. Künstliche Beheizung durch billigere feste Brennstoffe anstatt durch hochwertiges Faulgas.

In den Fällen nun, in denen eigene oder fremde Abwärme auf der Kläranlage nicht zur Verfügung steht und das Faulgas zu einem guten Preise verkauft werden kann, können die oben errechneten Wirtschaftlichkeitszahlen noch dadurch verbessert werden, daß man die künstliche Beheizung nicht durch das hochwertige und teure Faulgas, sondern unter Verwendung billigerer fester Brennstoffe besorgt.

Für den gut isolierten 500 m³-Behälter mit 33330 Einwohnern (Fall II) sind nach Tab. 9 Sp. 9 Zeile 10 täglich im Jahresdurchschnitt zur Beheizung 0,373 · 500 = 186,5 m³ Gas zu verbrennen, d. h. es sind 186,5 · 3000 = 559500 WE auf den Schlamm zu übertragen. Bei einem Wirkungsgrad einer Koksheizung von etwa 50% wären für denselben Zweck an Koks von 7000 WE/kg $\frac{559500}{0,5 \cdot 7000} = 160$ kg/Tag nötig, d. h. im Jahr sind 365 · 0,16 = 58,3 t Koks zu je 30 M. zu kaufen, d. h. es sind 1750 M. auszugeben. Dafür werden jährlich 365 · 186,5 = 68000 m³ Gas für den Verkauf frei. Die jährliche Ersparnis für 33330 Einwohner durch Beheizen mit Koks beträgt daher für die verschiedenen Gaspreise von 10 bis 4 Pf 4000 M. bis 1600 oder je Einwohner und Jahr 12 Pf. bei 10 Pf. Gaspreis, 9,6 Pf. bei 8, 7,2 Pf. bei 6 und 4,8 Pf. bei 4 Pf. Gaspreis.

Es würde hier zu weit führen, zu untersuchen, wie sich hierdurch der in Tabelle 14 gegebene Vergleich der künstlichen Beheizung zu nicht beheizten Faulräumen ändert. Es geht aber aus dieser Überlegung hervor, daß es in allen Fällen, in denen das Faulgas überhaupt verkauft werden kann, wirtschaftlich richtiger ist, die künstliche Beheizung mit festen Brennstoffen anstatt durch das wertvolle Faulgas zu betreiben. Die etwas teurere Bedienung der Koksheizung gegenüber der Gasheizung kann an diesem Ergebnis nichts ändern.

24. Ausfaulung wasserreichen Schlammes in zwei Stufen verschiedener Temperatur.

Es wurde schon weiter oben darauf hingewiesen, daß bei einem gut isolierten Faulbehälter die täglichen Wärmeverluste durch Auskühlung im Jahresdurchschnitt nur ⅓ der Wärmemenge betragen können, die täglich auf den in den Behälter einzubringenden Frischschlamm zu übertragen ist. Man muß daher anstreben, den Frischschlamm so wasserarm wie möglich in den beheizten Faulraum zu bringen. Da der Frischschlamm während der Faulung, wie aus der Abb. 6, III anschaulich hervorgeht, seinen großen Wassergehalt in den ersten Wochen besonders schnell verliert, liegt der Gedanke nahe, diese starke Wasserreduzierung in einem nur mäßig oder gar nicht beheizten Faulraum durchzuführen und erst den stark eingedickten angefaulten Schlamm auf 25° zu beheizen. Dies bedingt natürlich eine Vergrößerung des für die erste Stufe erforderlichen Faulraumes, durch die die Ersparnis an Heizgas wirtschaftlich wieder ausgeglichen werden könnte. Im folgenden soll für den verhältnismäßig niedrigen Gaspreis von 6 Pf./m³ und unsern Normalschlamm von 95% Wassergehalt untersucht werden, wie sich die Wirtschaftlichkeit bei Ausfaulung bis 80% in 2 Stufen von je gleicher Faulzeit gestaltet, und zwar unter der an sich unwirtschaftlichen Voraussetzung der künstlichen Beheizung durch das eigene Faulgas.

Bei Ausfaulung in 1 Stufe gibt die Abb. 19, Tabelle 14 für 6 Pf. Gaspreis den durchschnittlichen täglichen Gasüberschuß je Einwohner nach Abzug auch der Tageskosten für Bau und Betrieb des Faulraumes für diesen Fall zu +0,2 l an. Hierbei sind nach Abb. 11 je Einwohner 15 l Faulraum mit 11,6 l Gasanfall je Tag bei ¾ Monat Faulzeit erforderlich. Wird der Schlamm nun mit 85 anstatt 95% Wassergehalt eingebracht, so braucht die Faulzeit für die Nachfaulung bis 80% nur noch halb so lang zu sein, d. h. die »reduzierte Faulzeit« ³⁄₈ Monat (s. Abb. 5, in der für 15° Faulraumtemperatur die Faulzeit von 95% auf 85% zu 1,5 Monat und von 95% auf 80% zu 3 Monaten angegeben ist). Für die erste Hälfte der Faulzeit wird nach Abb. 7 von den 15 l Gesamtfaulraum 10 l bei 2 · 2 · 1,4 = 5,6 l Gasanfall (s. Abb. 4, IV) eingenommen, sodaß der Fortfall dieser ersten Zersetzung für die zweite bei 25° betriebene Faulstufe noch 15 — 10 = 5 l Faulraum erforderlich bleiben, aus denen je Tag und Einwohner 11,6 — 5,6 = 6 l Gas gewonnen werden.

Die Ausfaulung der ersten Stufe geschehe ebenfalls mit künstlicher Schlammumwälzung in einem getrennten Faulraum, der nach dem Vorbild von Essen-Frohnhausen durch das außen entlang fließende Abwasser beheizt wird, sodaß Gas zur künstlichen Beheizung nicht verbraucht wird. Man wird nur das warme Schlammraumwasser, das täglich aus der ersten Stufe abzuleiten ist, durch den zweiten Faulraum leiten und auf diese Weise ohne Unkosten die Temperatur im getrennten Faulraum noch etwas über der Abwassertemperatur halten. Mit dieser Hilfe wird man in unserm Klima stets mindestens 15° Wärme im Faulraum der ersten Stufe halten, der dann für ¾ Monat Faulzeit (siehe oben) 15 l je Einwohner groß sein muß und täglich 2 · 2 · 1,36 = 5,4 l Gas liefert (s. Abb. 4, IV). Während diese Menge voll für den Verkauf zur Verfügung steht, muß von der Gasausbeute der zweiten Stufe noch der Gasbedarf für die Beheizung abgezogen werden. Nach Abb. 6, II ist das Volumen von 1 l Frischschlamm bei 85% Wassergehalt auf 0,3 l zurückgegangen.

Der Schlamm ist von 15 auf 25° zu erwärmen, wofür $\frac{0,3 \cdot 10}{3}$ = 1 l Gas erforderlich ist. Zum Ausgleich der Auskühlung des Behälters sind je m³ Inhalt nach Tab. 9 85 l Gas zu verbrennen, d. h. für die 5 l der zweiten Stufe $\frac{85}{200}$ = 0,425 l.

Es verbleibt daher aus der zweiten Stufe ein Gasüberschuß von 6,00 — 1,00 — 0,425 = 4,575 l, sodaß für den Verkauf je Einwohner und Tag zusammen 4,575 + 5,4 = rd. 10 l Gas zur Verfügung stehen. Von dem Erlös sind die Unkosten, die durch Bau und Betrieb der Behälter entstehen, abzuziehen. Auf Gas zu 6 Pf./m³ Wert umgerechnet betragen sie für die erste Stufe von 15 l ohne Heizeinrichtung nach Abb. 20 5,1 l

Gas und für die zweite Stufe von 5 l nach Abb. 19 $\frac{1}{3} \cdot 5,8$ = 1,9 l, zusammen also 7 l, sodaß insgesamt 10 — 7 = 3 l Gas als Überschuß des Faulverfahrens je Einwohner und Tag zu verbuchen sind. Dieser Überschuß beträgt bei Durchführung derselben Zersetzung in 1 Stufe bei 25° nur 0,2 l und in 1 Stufe bei 12° nach Tab. 15 ebenfalls nur 0,2 l.

Man ersieht daher aus dieser Stichprobe, daß schon bei einem Wassergehalt des Frischschlammes von 95% die **Ausfaulung in 2 Stufen wirtschaftliche Vorteile bringt.** Bei welcher Unterteilung der Faulzeiten der günstigste Effekt erzielt wird, kann hier nicht mehr untersucht werden und kann von Fall zu Fall an Hand der vorstehenden Tabellen und Kurven festgestellt werden. Bei Ausfaulung des besonders stark wasserhaltigen Belebtschlammes mit künstlicher Beheizung ist die Vorentwässerung in einer unbeheizten Faulstufe natürlich stets nötig. Diese Zweiteilung des Ausfaulvorganges bei künstlicher Beheizung nach niedriger und hoher Temperatur hat sich bei zweistöckigen Kläranlagen, deren Faulräume durch selbständige Ergänzungsbehälter erweitert waren, bei Ein-

führung der künstlichen Beheizung zwangsweise von selbst ergeben[1]), da man ja nur den selbständigen Ergänzungsbehälter beheizen konnte. Sie ist aber, wie nachgewiesen wurde, auch bei selbständigen Faulräumen, bei denen solcher Zwang nicht vorlag, von wirtschaftlichem Vorteil. Steht Abfallwärme zur Verfügung, so ist die Unterteilung des Faulprozesses in 2 Stufen in der Regel nicht nötig.

Diese Untersuchungen ließen sich nun auf eine ganze Reihe weiterer Fragen und Kombinationen bei der Schlammausfaulung ausdehnen. Es möge aber bei den bisher durchgerechneten Beispielen sein Bewenden haben, sie sollten zu weiterer Bearbeitung der behandelten Probleme anregen und vor allem die Benutzung der zahlreichen diesem Aufsatz beigegebenen Tabellen und Kurven erläutern und die aus ihnen hervorgehenden Beziehungen und Gesetzmäßigkeiten einprägen helfen.

----

[1]) Dr. Sierp, »Über den Einfluß der Temperatur auf die Zersetzungsvorgänge in den Schlammfaulräumen«, Techn. Gem.-Blatt 27. Jahrg., Nr. 17/18.

Zusammenfassung.

1. Die bei der Schlammausfaulung je Einwohner täglich zu erwartende Gasmenge ist abhängig von dem Gehalt des auf 1 Einwohner kommenden Frischschlammes an organischer Trockensubstanz und von der Faulzeit.

2. In Städten ohne Großindustrie kann man in Deutschland im Durchschnitt mit einem täglichen Frischschlammanfall je Einwohner von 50 g Trockensubstanz mit 60 bis 65% organischem Anteil rechnen, das ergibt bei 95% Wassergehalt etwa 1 l Frischschlamm je Kopf und Tag.

3. Die Faulzeit ist abhängig von dem Grad der Ausfaulung, der angestrebt wird und von der Faulgeschwindigkeit.

4. Um dem Frischschlamm sein großes Wasserbindevermögen und seine Fäulnisfähigkeit an freier Luft zu nehmen, genügt bei einer Faulraumtemperatur von 15° C eine Abnahme des Wassergehaltes im Faulschlamm bis auf etwa 80%, was in ruhenden tiefen Faulräumen in rd. 3 Monaten Faulzeit erreicht ist. Häufig wird der Schlamm auch schon mit 85% H_2O nach 1,5 Monaten Faulzeit abgezogen.

5. Die zuerst von Blunk festgestellte und genauer erforschte Schichtung des Faulschlammes in ruhenden tiefen Emscherbrunnen nach dem Alter des von oben in den Faulraum eintretenden frischen Schlammes gibt die Möglichkeit, durch direkte Messung ein zuverlässiges Bild über den Zusammenhang zwischen Faulzeit und Abnahme des Wassergehaltes zu gewinnen. Blunk hat aus zahlreichen Messungen der Emschergenossenschaft unter den verschiedensten Verhältnissen für verschiedenen Wassergehalt des Frischschlammes Wassergehaltskurven des Faulschlammes aufgestellt, die vorstehend durch Berücksichtigung der Zehrung auch der Schlammtrockensubstanz ergänzt wurden.

6. Ist für einen bestimmten Schlamm die sein Verhalten während der Faulung kennzeichnende Wassergehaltskurve (»Faulkurve«) bei 15° Faulraumtemperatur durch Versuch im Faulraum ermittelt, so läßt sich für jeden gewünschten Grad der Ausfaulung die erforderliche Faulraumgröße bei dieser Temperatur mathematisch zuverlässig errechnen.

7. Die der vorstehend erwähnten Berechnungsart bei 15° Faulraumtemperatur zugrunde liegende Faulgeschwindigkeit ändert sich einerseits mit wechselnder Faulraumtemperatur und anderseits mit der Häufigkeit und dem Grad der künstlichen Durchmischung des älteren Faulschlammes mit jüngerem später eingebrachten Schlamm.

8. Als Maßstab der »Faulgeschwindigkeit« kann man die für eine gleiche Reduzierung des Wassergehaltes unter verschiedenen Temperaturverhältnissen erforderlichen wirk-

lichen Faulzeiten oder die unter diesen verschiedenen Verhältnissen während derselben Zeiteinheit aus der gleichen Menge Faulschlamm entwickelte Gasmenge wählen. Unmittelbare Messungen der zur Erreichung desselben Zieles den verschiedenen möglichen Voraussetzungen erforderlichen wirklichen Faulzeiten liegen für sehr hohe und sehr niedrige Temperaturen noch nicht in genügendem Umfange vor. Dagegen stehen u. a. schon zwei von Blunk auf Grund seiner Messungen und Versuche aufgestellte Gaskurven zur Verfügung. Die eine gibt an, welche Gasmenge je Einwohner bei Faulzeiten von 1 bis 8 Monaten (bis zur vollen Ausfaulung) bei 15° Temperatur aus einem ruhenden Faulraum anfallen, und die zweite, welche Gasmenge aus einem gleich großen Faulraum bei Temperaturen von 6° bis 25° C im Vergleich zu der von 15° anfallen. Es wird nach Blunk vorgeschlagen, für die zur Erreichung desselben technischen Effektes (z. B. der gleichen Reduzierung des Wassergehaltes) bei verschiedenen Temperaturen erforderliche Zeit eine »reduzierte Faulzeit« einzuführen, die im selben Verhältnis zur »Normalfaulzeit« der Wassergehaltskurven bei 15° C steht, wie dies nach der zweiten Gaskurve für die zu denselben Temperaturen gehörigen Gasmengen durch Versuch festgestellt ist, und dann für diese »reduzierte Faulzeit« aus den für 15° geltenden Kurven die Faulraumgröße abzugreifen. Dieser Vorschlag ergibt, wie seine Anwendung gezeigt hat, praktisch brauchbare Werte, sodaß bis zum Vorliegen direkter Messungen der wirklichen Faulzeiten bei hohen bzw. sehr niedrigen Temperaturen zweckmäßig dieser Berechnungsweg der Faulraumgröße gewählt werden kann. Für Temperaturen von 7,5°, 15° und 25° C verhalten sich die zur Erreichung des gleichen technischen Effektes je Einwohner erforderlichen Faulraumgrößen etwa wie $\frac{3}{2} : 1 : \frac{2}{3}$.

9. Für die nach Punkt 8 umgerechneten »reduzierten Faulzeiten« ist aus der für 15° beobachteten Gaskurve der Abb. 4/IV die bei 15° zum zugehörigen Faulraum zu erwartende Gasmenge je Einwohner zu entnehmen, mit den Temperaturkoeffizienten für die wirkliche Faulraumtemperatur nach der Abb. 9 zu multiplizieren ist, um den wirklichen Gasanfall zu erhalten. Er kann unmittelbar aus den auf verschiedene Temperaturen umgerechneten Gaskurven der Abb. 10 entnommen werden. Nach den oben aufgetragenen Gaskurven jedoch ergibt sich z. B. für die Verringerung des Wassergehaltes auf etwa 80% ein Gasanfall je Kopf/Tag, der mit von 9° auf 25° steigender Temperatur bei ruhendem Faulraum von 5,8 bis 10 l anwächst. In ähnlichem Verhältnis steht auch der Gasanfall bei jeweils »völliger Ausfaulung« des Schlammes, d. h. also, da höherer Gasanfall gleichbedeutend mit größerer Schlammzehrung ist, daß die Schlammfaulung bei höheren Tempe-

raturen nicht nur schneller vor sich geht, sondern daß sie auch erheblich weitgehender ist.

10. Die nach dem bisher geschilderten Rechnungsgang bestimmte »reduzierte Faulzeit« kann für jede Temperatur weiterhin auf die Hälfte eingeschränkt werden bzw. aus derselben Faulraumgröße kann die doppelte Gasmenge gewonnen werden, wenn der ältere Faulschlamm möglichst oft, am besten täglich, mit jüngerem später eingebrachten Schlamm innig durchmischt wird, wobei gleichzeitig ein ständiges Auswaschen der eine weitere Zersetzungsarbeit der Bakterien hemmenden Abbaustoffe aus dem älteren Schlamm erreicht wird. Die durch diese künstliche häufige »Schlammumwälzung« bewirkte weitere Verkleinerung der erforderlichen Faulraumgröße ist für die Durchführung der künstlichen Schlammraumbeheizung von besonders. großer Bedeutung, da die Auskühlungsverluste des Faulbehälters in einem solchen Maß verringert werden, daß bei der Durchführung der Beheizung mit dem eigenen Faulgas ein genügend großer Gasüberschuß nachbleibt, um die gesamten Jahreskosten für den Bau und Betrieb der Faulbehälter durch den Verkauf dieses Gasüberschusses voll decken zu können.

11. Für die Temperaturen von 9 bis 25^0 sind in Abb. 11 Kurven angegeben, aus denen für Ausfaulung bis 80 bzw. 85% Wassergehalt ohne Schlammumwälzung und bis 76 bzw. 80% mit Umwälzung die erforderlichen wirklichen und »reduzierten« Faulzeiten und Faulraumgrößen sowie die zu erwartenden täglichen Gasmengen ohne alle Zwischenrechnung unmittelbar abzugreifen sind, und zwar gültig für einen Einwohner mit einem täglichen Frischschlammanfall von 1 l mit 95% Wassergehalt.

12. Die zur Erreichung desselben technischen Effektes bei verschiedenen Temperaturen erforderlichen wirklichen Faulzeiten stehen im selben Verhältnis zueinander wie die erforderlichen Faulraumgrößen. Ausgehend von den durch Beobachtung bekannten wirklichen Faulzeiten bei 15^0 können daher für die nach vorstehendem Rechnungsgang für andere Temperaturen ermittelten Faulraumgrößen die zugehörigen wirklichen Faulzeiten errechnet werden. In den Abb. 13 u. 14 sind für die wirklichen Faulzeiten und die Schlammraumtemperaturen 9^0, 12^0, 15^0, 18^0, 21^0 und 25^0 Kurven aufgetragen, aus denen ohne jede Zwischenrechnung für jeden Wassergehalt des reifen Schlammes je Einwohner bei einem täglichen Frischschlammanfall von 1 l mit 95% Wassergehalt die erforderliche Faulraumgröße und der tägliche Gasanfall unmittelbar abgegriffen werden können, und zwar sowohl für ruhenden Faulraum als auch für Faulräume mit künstlicher Schlammumwälzung[1].

13. Für Frischschlamm von anderem Wassergehalt und anderer Zusammensetzung, als der Aufstellung der Berechnungskurven zugrunde gelegt ist, lassen sich die Kurven ebenfalls zur Berechnung von Faulzeit, Faulraumgröße und Gasanfall näherungsweise benutzen, das gilt insbesondere für starke gewerbliche Beimengungen für den Schlamm der chemischen und biologischen Klärverfahren — insbesondere für Belebtschlamm — wie auch für das Rechengut von Trockensieben und Spülsieben.

14. Die aus der Faulraumeinheit bei einer gleichbleibenden Temperatur zu erwartende Gasmenge schwankt in nur engen Grenzen, selbst wenn sowohl Alter als auch Aufenthaltszeit des Schlammes in weiten Grenzen voneinander abweichen. Die aus 1 m³ Faulraum bei den Temperaturen zwischen 9 und 25^0 mit und ohne künstliche Schlammumwälzung im Jahr anfallende Gasmenge ist ebenfalls aus

Abb. 11 unmittelbar abzugreifen. Mit Umwälzung sind bei 25^0 aus 1 m³ Faulraum täglich im großen Durchschnitt 0,8 m³ Gas und ohne Umwälzung 0,4 m³ zu erwarten.

15. Der freistehende, oben offene Eisenbetonfaulbehälter bisher oft angewandter Bauart eignet sich wegen seiner starken Auskühlung nicht zur künstlichen Beheizung. Es gelingt nicht, ihn im Winter auch bei Verheizung der ganzen aus ihm gewonnenen Gasmenge auf einer Temperatur von 25^0 zu halten. Durch sachgemäße Wärmeisolierung sowohl der Sohle als auch der Seitenwände und durch Abdeckung der Oberfläche gelingt es, die Wärmeverluste im Jahresdurchschnitt auf den 4. Teil herunterzubringen, wobei durch diese Wärmeschutzmaßnahmen, wenn sie von vornherein vorgesehen werden, die Baukosten nicht mehr als um etwa 10% steigen.

16. Durch Erdanschüttung eines freistehenden sonst nicht wärmeisolierten Eisenbetonfaulbehälters und Abdeckung der Oberfläche mit Holzbohlen lassen sich die Auskühlungsverluste auf. die Hälfte des freistehenden Behälters einschränken. Ohne künstliche Beheizung stellt sich die Faulraumtemperatur in solchen erdeingeschütteten Behältern im allgemeinen auf etwa die Mitte zwischen der jeweiligen Luft- und Abwassertemperatur ein.

17. Beim gut isolierten Faulbehälter beträgt unter normalen Verhältnissen im Jahresdurchschnitt bei künstlicher Beheizung auf 25^0 die zur Erwärmung des täglich einzubringenden Frischschlammes von 95% Wassergehalt auf die Faulraumtemperatur aufzuwendende Wärme annähernd dreimal so viel als die zum Ausgleich der täglichen Behälterauskühlung zuzuführende Wärmemenge.

18. Bei künstlicher Beheizung ist daher der Frischschlamm vor Erwärmung so weit einzudicken, wie die Bedingungen einer guten Faulung im Behälter dies eben zulassen. Bei größeren Anlagen wird man ihn weiterhin vor Einbringen mit dem aus dem beheizten Faulraum täglich abzuziehenden warmen Faulraumwasser vorerwärmen. Besonders wasserreichen Frischschlamm — insbesondere Überschußschlamm des Belebtschlammverfahrens — wird man zweckmäßig in zwei Temperaturstufen ausfaulen, wobei der Faulraum der ersten Stufe, in dem der hohe Wassergehalt auf mindestens 90% herunterzubringen ist, am billigsten, weil kostenlos, durch das außen entlang geführte Abwasser selbst beheizt wird.

19. Unter der Voraussetzung, daß die unter künstlicher Schlammumwälzung durchgeführte künstliche Faulraumbeheizung mit dem eigenen Faulgas betrieben wird, ist sie bei 25^0 C Faulraumtemperatur der Schlammfaulung bei normaler Abwassertemperatur, soweit diese wie bei zweistöckigen Kläranlagen ohne künstliche Schlammumwälzung betrieben wird, wirtschaftlich stets überlegen, von dem Vorteil des während des ganzen Jahres gleichmäßigen Gasanfalles bei künstlicher Beheizung ganz abgesehen. Im Vergleich zum künstlich umgewälzten, vom Abwasser beheizten Schlammfaulraum, wie er z. B. im neuen Becken Essen-Frohnhausen betrieben wird, lohnt sich die künstliche Beheizung nur, wenn die Jahresdurchschnittstemperatur des Abwassers unter 10 bis 11^0 C liegt, je nach dem zu erzielenden Gaspreis.

20. Die Ersparnis auf jeden an eine Kläranlage angeschlossenen Einwohner gerechnet, die sich durch Einführung der künstlichen Schlammumwälzung auch ohne künstliche Beheizung erzielen läßt, beträgt bei z. B. 12^0 Abwassertemperatur und 8 Pf./m³ Gasverkaufspreis jährlich 23,3 Pf. Bei 15^0 Abwassertemperatur und demselben Gaspreis verbleibt nach Abzug aller Unkosten der Schlammfaulung — darunter 10% der Baukosten für Zins, Tilgung und Unterhaltung — bei Durchführung der künstlichen Schlammumwälzung ein jährlicher Überschuß je Einwohner von 28 Pf., der zur Deckung aller noch verbleibenden Jahreskosten der Kläranlage voll ausreicht, sodaß eine Belastung der Gemeinden durch die mechanische Reinigung des Abwassers nicht entsteht. Der Gaspreis von 8 Pf. setzt vor-

---

[1]) Die von Imhoff in seiner letzten Veröffentlichung im »Technischen Gemeindeblatt« vom 5. 2. 28 für verschiedene Temperaturen angegebenen wirklichen Faulzeiten können zum Vergleich mit diesen Kurven nicht herangezogen werden, da sie keine Angaben über den tatsächlichen Grad der Ausfaulung enthalten, der nach Angabe von Imhoff zwischen 80 und 85% Wassergehalt schwanken soll.

aus, daß keine großen Kosten für eine längere Verbindungsleitung von der Kläranlage zum nächsten Gasometer aufzubringen sind.

21. Steht zur Beheizung des Faulraumes auf 25° Abwärme einer benachbarten Zentrale, Gasanstalt oder eines sonstigen industriellen Werkes umsonst zur Verfügung — und zwar nur 18 WE je Tag und Einwohner —, so sollte der Schlammraum stets künstlich beheizt werden. Bei 8 Pf. Gasverkaufspreis würde nach Abzug der Unkosten für die Schlammfaulung ein jährlicher Überschuß je Einwohner von 39 Pf. mit gleichzeitiger künstlicher Schlammumwälzung und von 12 Pf. ohne diese entstehen.

22. Bei größeren Kläranlagen steht die zur künstlichen Beheizung auf 25° erforderliche Abwärme in vollem Umfange umsonst zur Verfügung, wenn das Faulgas zur Krafterzeugung in Gaskraftmaschinen benutzt wird. Aus der Gaserzeugung des normalen Schlammanfalles von 1000 Einwohnern lassen sich bei voller Ausfaulung täglich bis 48 PSh gewinnen, die bei Ausfaulung auch des Überschußschlammes einer nachgeschalteten Belebtschlammkläranlage auf das Doppelte, d. h. 96 PSh gesteigert werden können. Der tägliche Kraftbedarf einer gut gebauten Belebtschlammanlage beträgt demgegenüber für 1000 Einwohner nur 24 PSh.

23. Wenn Abwärme von keiner Seite aus zur Verfügung steht und das Faulgas zu gutem Preise verkauft werden kann, so sollte man zur künstlichen Beheizung nie das hochwertige Faulgas benutzen, sondern die erforderlichen Wärmeeinheiten wesentlich billiger aus festen Brennstoffen, wie z. B. Gaskoks, entnehmen.

ABWASSER

Die Abwasserreinigung. Einführung zum Verständnis der Kläranlagen für städt. u. gewerbl.
Abwässer. Von Dr. Herm. Bach. 192 S., 64 Abb. 8⁰. 1927. Brosch. M. 8.-, in Leinen geb. M. 9.60.

INHALT: 1. Kreislauf des Wassers. 2. Abwasser. 3. Die Schmutzstoffe des Abwassers. 4. Abwasserarten, häusliches; städtisches Abwasser. 5. Abwasser und Vorflut. 6. Mißstände, die durch städtisches Abwasser im Vorfluter verursacht werden können. 7. Reinigungsmöglichkeit städtischer Abwässer. 8. Die Schwemmkanalisation. 9. Die mechanischen Kläranlagen. 10. Absiebanlagen. 11. Absetzanlagen. 12. Behandlung der Rückstände. 13. Absetzverfahren mit Schlammfaulung. 14. Fällungsverfahren. 15. Notauslaß- und Regenwasserklärvorrichtungen. 16. Biologische Reinigungsanlagen: 17. Die Füllkörper. 18. Die Tropfkörper. 19. Tauchkörper. 20. Abwasserreinigung durch belebten Schlamm. 21. Rieselverfahren und Bodenfiltration. 22. Rieselfelder. 23. Bodenfiltration (Staufilter). 24. Untergrundrieselung. 25. Fischteiche. 26. Kleine Kläranlagen. 27. Abwasserdesinfektion. 28. Kläranlagen für gewerbliches Abwasser. 29. Bemessungen der Kläranlagen. 30. Messungen und Untersuchungen im täglichen Betriebe städtischer Kläranlagen. 31. Betrieb der Kläranlagen. 32. Schrifttum.

Taschenbuch der Stadtentwässerung. Von Dr.-Ing. K. Imhoff. 5. verbesserte
Auflage. 121 S., 22 Abb., 17 Taf. kl. 8⁰. 1928. In Leinen geb. M. 4.60.

INHALT: I. Grundsätze der Stadtentwässerung. — II. Berechnung des Leitungsnetzes: A. Die abzuführende Wassermenge. Brauchwasserabfluß. Regenwasserabfluß. B. Bestimmung der Querschnitte mit Beispielen. C. Beispiel einer Zahlentafel zur Berechnung des Leitungsnetzes. — III. Statistische Berechnung der Querschnitte: A. Rohrleitungen. B. Gewölbte Querschnitte. — IV. Berechnung der Kläranlagen: A. Untersuchung des Abwassers. B. Siebe. C. Ölfänger. D. Absetzverfahren. E. Behandlung des Schlammes. Allgemeines. Die Vorgänge im Faulraum. Bauarten der Faulräume. Berechnung der Faulräume. Gasgewinnung. Schlammtrockenplätze. Schlammteiche. F. Chemische Verfahren. Chlor. G. Biologische Verfahren. Bodenfilter, Rieselfelder. Tropfkörper. Seen, Fischteiche. Belebungsbecken. Tauchkörper. H. Verschiedenes über Kläranlagen. Hauskläranlagen. Schlachthöfe. Krankenhäuser. Gewerbliches Abwasser. Regenwasser. J. Beispiel zur Berechnung einer vollständigen Kläranlage. — V. Tafeln. — VI. Englische und amerikanische Maße. — VII. Stichwortverzeichnis.

Die Entsandung städtischer Abwässer unter Berücksichtigung der Geschiebe-
bewegung in Abwässerkanälen von Dr.-Ing. G. Ehnert. 31 Seiten, 11 Abbildungen, 1 Tafel. 4⁰. 1927. Brosch. M. 4.50. (Beiheft zum „Gesundheits-Ingenieur", Reihe II, Heft 3. Vorzugspreis für Bezieher der Zeitschrift M. 3.85.)

INHALT: Einleitung. I. Die Sinkstoffe. II. Die Notwendigkeit der Entsandung städtischer Abwässer. III. Die für die Bemessung von Sandfängen maßgebenden Grundlagen. IV. Die im Dresden-Altstädter Sammelkanal durchgeführten Versuche zur Ermittlung der Geschiebebewegung. Tafeln: 1. Graphische Darstellung des Sandvolumens für die einzelnen Korngrößen von 0,5 bis 5,0 mm. 2. Protokoll der Abwasserentnahme. 3. Graphische Darstellung der in den einzelnen Meßhöhen gemessenen Sandmengen $V_{s\,max}$ sowie der entsprechenden Korngrößen bei den verschiedenen Wasserständen. 4. Zusammenstellung der Sohlenentnahmen, geordnet nach Tageszeiten. 5. Ermittlung der Sandmengen. 6. Kanallängsprofil des Dresden-Altstädter Sammlers. 7. Geschwindigkeiten und Wassermengen im Sammelkanal. 8. Graphische Darstellung der Geschwindigkeiten und Wassermengen. Graphische Darstellung der ermittelten und gemessenen Geschwindigkeiten im Abfangkanal. 10. Graphische Darstellung der bei den Sohlenentnahmen gemessenen Sandmengen in Prozenten, geordnet nach Korngrößen und Tageszeiten. 11 a) Querschnitt durch den Sandfang. 11 b) Längsschnitt durch den Sandfang. 12. Graphische Darstellung der innerhalb 24 Stunden durchschnittlich gemessenen Sandmengen sowie des in derselben Zeit vom Sande zurückgelegten Weges.

Die Wasserversorgung
und Abwasserbeseitigung im rhein.-westf. Industriegebiet
Von Prof. Dr. A. Gärtner. 23 Seiten, 3 Abb., 6 Zahlentafeln. 4⁰. 1927. Brosch. M. 3.60. (Beiheft zum „Gesundheits-Ingenieur", Reihe II, Heft 4. Vorzugspreis für Bezieher der Zeitschrift M. 3.05.)

INHALT: Einleitung. Umgrenzung des rheinisch-westfälischen Industriegebietes und des rheinisch-westfälischen Kohlenreviers. Die Wohnungsdichte im Industriegebiet. — Die Größe des Gesamtwasserverbrauchs und die Schwierigkeit der Wasserbeschaffung. I. Das Gebiet der Lippe. 2. Das Gebiet der Emscher. 3. Das Gebiet der Ruhr. 4. Das Gebiet der Wupper. 5. Das Gebiet am Unterrhein und das linksniederrheinische Industriegebiet.

Benzolabscheider. Von Reg.-Baum. L. Richter. 11 Seiten, 20 Abb. 4⁰. 1927. Broschiert
M. 1.80. (Beiheft zum „Gesundheits-Ingenieur", Reihe II, Heft 5. Vorzugspreis für Bezieher der Zeitschrift M. 1.50.)

INHALT: I. Allgemeines über Benzolabscheider. II. Physikalische Grundlagen. III. Praktische Versuche mit Brennstoffabscheidern: 1. mit gußeisernen Abscheidern; 2. Abscheider mit seitlich angebrachtem Brennstoffableiterrohr in einem besonderen Sammelschacht; 3. Gemauerte und Beton-Abscheider; 4. Versuche mit Abscheidern, welche einen Schwimmerabschluß haben. IV. Ergebnis.

R. OLDENBOURG / MÜNCHEN 32 UND BERLIN W 10

www.ingramcontent.com/pod-product-compliance
Lightning Source LLC
Chambersburg PA
CBHW081426190326
41458CB00020B/6116